普通高等教育"十三五"规划教材

# 化学化工认识实习指南

主　编　史德青

副主编　张会敏　于楚男　郑　军

中国石化出版社

## 内 容 提 要

本书主要介绍应用化学和化学工程与工艺等专业学生现场认识实习过程所需的基本知识。内容涵盖认识实习的目的意义和相关要求、石油化工安全生产基本知识、化工典型设备、化工典型工艺流程等章节。

本书力求联系炼油和石油化工工业的生产实际，可作为高等学校化学、化工相关专业认识实习的教材。

**图书在版编目（CIP）数据**

化学化工认识实习指南／史德青主编．—北京：
中国石化出版社，2018.4
ISBN 978-7-5114-4819-4

Ⅰ．①化… Ⅱ．①史… Ⅲ．①化学-指南
②化学工业-指南 Ⅳ．①O6-62 ②TQ-62

中国版本图书馆 CIP 数据核字（2018）第 051282 号

**中国石化出版社出版发行**

地址：北京市朝阳区吉市口路 9 号
邮编：100020 电话：(010)59964500
发行部电话：(010)59964526
http://www.sinopec-press.com
E-mail：press@sinopec.com
北京富泰印刷有限责任公司印刷
全国各地新华书店经销
＊
787×1092 毫米 16 开本 7 印张 174 千字
2018 年 5 月第 1 版 2018 年 5 月第 1 次印刷
定价：20.00 元

# 前言

## Preface

化学工业是我国国民经济的支柱产业之一，在国民经济中占有重要地位。化学工业既是资金密集型产业，更是知识密集型产业，每年都需要大量高校相关专业的毕业生加入到这一领域的生产者之中。因而，高校化学、化工相关专业的人才培养也都紧密围绕化学工业的发展而进行。

高校化学、化工类专业的学生，在专业课学习阶段会遇到较多涉及安全生产、工艺流程和化工设备的课程。为了使学生在专业课学习阶段能将较为抽象的理论与工厂实际结合起来，化学、化工类专业一般都会提前安排认识实习教学环节。在这一环节中，学生通过入厂实地参观学习，对化工企业各车间工艺流程的安排、生产装置的作用和单元操作的基本原理等进行初步学习。在此基础上，对化工生产过程建立初步的感性认识，了解化工生产过程的概况，了解化工厂有关生产装置的基本原理及其作用。通过这一环节的学习，可以培养学生对化工生产的学习兴趣，初步建立工程观念和工程意识，为后续专业课的学习打好基础。因此，可以说认识实习是化学、化工类专业学生在校学习过程中不可或缺的重要实践教学环节。

为使学生在认识实习过程中有学习的参考，作者编写了本书。本书编者既有学校长期从事化学、化工理论与实践教学的教师，也有化工生产企业的高级技术人员。根据编者长期指导化学、化工认识实习的经验，本书选定石油化工为认识实习的特定领域，结合工厂的真实生产流程，对认识实习过程中学生应该了解的知识进行总结；适合化学、化工类专业学生认识实习使用，也可作为生产实习的参考资料。

全书共分为5章，第1章介绍了认识实习的目的、意义、实习过程中应学习的内容和实习的基本要求；第2章介绍了石油化工安全生产的基本知识，重点阐述了防火防爆、危险化学品防护和电气事故防护相关知识；第3章对化工生产中最常用的几种设备(流体输送机械、换热器和塔设备)进行了简介；第4

章对石油炼制中最为常见的常减压蒸馏和催化裂化工艺进行了介绍，并简要叙述了几种重要的二次加工工艺；第5章介绍了三种典型的石油化工生产工艺流程，包括气分及MTBE生产、环氧丙烷和溶剂油生产等。

本书第1章和第4章由史德青编写，第2章由郑军编写，第3章由张会敏编写，第5章由于楚男编写。全书由史德青统稿。

由于编者学识有限，书中欠妥之处不少，恳请同行及读者不吝指教，以助日后修订。

# 目 录

## Contents

1 绪论 ……………………………（1）
  1.1 认识实习的目的和意义 ……（1）
  1.2 认识实习的学习内容 ………（1）
  1.3 认识实习的基本要求 ………（1）
    1.3.1 认识实习的安全要求 …（1）
    1.3.2 认识实习的纪律要求 …（2）
    1.3.3 认识实习的学习要求 …（2）
2 石油化工安全生产基本知识 ……（3）
  2.1 石油化工企业安全生产的
      重要性 ……………………（3）
    2.1.1 生产过程具有复杂性和
          综合性 ……………（3）
    2.1.2 石油化工生产所涉及的
          物料具有危险性 ……（3）
    2.1.3 生产装置大型化 ………（4）
    2.1.4 生产过程的高度连续性和
          协作性 ……………（4）
  2.2 石油化工行业安全教育的意义
      及主要内容 ………………（4）
    2.2.1 安全教育的意义 ………（4）
    2.2.2 安全教育的主要内容 …（5）
    2.2.3 安全教育的形式 ………（5）
    2.2.4 石油化工企业安全生产
          禁令 ………………（5）
  2.3 防火防爆 …………………（6）
    2.3.1 燃烧的条件和类型 ……（6）
    2.3.2 爆炸 …………………（8）
    2.3.3 石油化工企业防火防爆
          措施 ………………（9）
    2.3.4 火灾处置与个人保护 …（10）

  2.4 危险化学品的防护 ………（11）
    2.4.1 化学灼伤的预防和紧急
          救治 ………………（11）
    2.4.2 中毒的预防和紧急救治 …（12）
  2.5 电气事故防护 ……………（14）
    2.5.1 触电事故的种类与危害
          ……………………（14）
    2.5.2 触电事故的防护 ………（14）
3 化工生产常用设备 ……………（16）
  3.1 流体输送机械 ……………（16）
    3.1.1 离心泵 ………………（16）
    3.1.2 其他类型的化工用泵 …（20）
    3.1.3 气体输送机械 ………（23）
  3.2 换热设备 …………………（27）
    3.2.1 概述 …………………（27）
    3.2.2 换热器 ………………（28）
  3.3 塔设备 ……………………（35）
    3.3.1 概述 …………………（35）
    3.3.2 板式塔 ………………（35）
    3.3.3 填料塔 ………………（42）
    3.3.4 填料塔与板式塔的比较 …（45）
4 原油蒸馏及催化裂化工艺流程 …（47）
  4.1 石油及其产品简介 ………（47）
    4.1.1 石油的性质 …………（47）
    4.1.2 石油产品简介 ………（49）
  4.2 典型原油加工方案 ………（53）
    4.2.1 燃料型加工方案 ………（53）
    4.2.2 燃料-润滑油型加工方案 …（54）
    4.2.3 燃料-化工型加工方案
          ……………………（55）

4.3 原油蒸馏工艺流程 …………… （55）

  4.3.1 常减压装置简介 ……… （55）

  4.3.2 典型常减压工艺流程举例

    ………………………… （61）

  4.3.3 原油分馏塔的工艺特征

    ………………………… （64）

  4.3.4 原油分馏塔的回流方式 … （65）

  4.3.5 减压蒸馏 ……………… （66）

  4.3.6 常压蒸馏装置运行操作要点

    ………………………… （68）

4.4 催化裂化工艺流程 ………… （70）

  4.4.1 工艺原理 ……………… （70）

  4.4.2 装置简介 ……………… （71）

  4.4.3 反应-再生系统的型式

    ………………………… （75）

  4.4.4 典型催化裂化工艺流程举例

    ………………………… （77）

  4.4.5 生产装置系统运行操作要点

    ………………………… （80）

4.5 其他石油加工流程简介 …… （82）

  4.5.1 催化重整 ……………… （82）

  4.5.2 催化加氢 ……………… （85）

  4.5.3 焦炭化 ………………… （88）

**5 典型化工工艺流程** ………… （92）

5.1 气体分离装置及 MTBE 工艺流程

  ………………………………… （92）

  5.1.1 气体分馏及 MTBE 装置简介

    ………………………… （92）

  5.1.2 气分工艺流程 ………… （92）

  5.1.3 MTBE 醚化工艺流程…… （95）

5.2 环氧丙烷装置工艺流程 …… （96）

  5.2.1 装置工艺原理 ………… （96）

  5.2.2 环氧丙烷工艺流程 …… （98）

5.3 溶剂油装置工艺流程 ……… （102）

  5.3.1 溶剂油的分离过程与基本

    原理 …………………… （102）

  5.3.2 溶剂油生产工艺流程 … （103）

**参考文献** ………………………… （106）

# 1 绪 论

## 1.1 认识实习的目的和意义

认识实习是化学工程与工艺及应用化学等相关专业实践性教学的重要环节。通过学生对石油化工企业各装置的作用、基本原理和工艺流程等的参观学习，可以使学生对石油化工生产过程建立初步的感性认识，了解石油炼制与化工生产过程的概况，了解石油化工厂有关生产装置的基本原理及其作用，了解生产过程主要设备的结构及用途。还可以培养学生对化工生产的学习兴趣，为后续专业课的学习打好基础。

## 1.2 认识实习的学习内容

在认识实习过程中，学生应对以下内容重点学习：
① 了解化工企业安全生产的基本知识。
② 了解所实习的化工企业的原料、产品及产品的用途。
③ 了解生产装置的基本工艺流程和主要设备的分布概况。
④ 了解典型化工单元操作的类型及相关设备，并对设备的工作原理、结构类型及特点有初步认识。
⑤ 了解化工企业生产的组织过程。
⑥ 了解企业文化及其社会责任。

## 1.3 认识实习的基本要求

### 1.3.1 认识实习的安全要求

为保证学生在实习期间的人身安全和实习单位的安全生产，学生在认识实习期间应遵守以下基本安全要求：
① 严格遵守"实习实训安全管理规定"的各项要求，时刻把安全放在首位，处处注意安全。
② 严格遵守实习企业的各项安全制度，认真接受厂规厂纪教育和安全教育，进厂时按厂方要求着装。在厂内遵守厂里的所有安全规定，若因违反安全规定造成个人人身安全事故和损失的，由学生本人负责。造成集体和国家损失的，视情节轻重，按有关规定处理。
③ 任何人在厂区内任何地方严禁吸烟，一经发现，立即中止该生的实习，成绩作零分处理。若因吸烟使所在车间或班组的职工遭受经济损失，该经济损失金额由吸烟者支付。
④ 不带香烟和火种进厂，不带与实习无关的物品进厂。

⑤ 在车间内，未经许可不得触碰任何生产设备，不得把头和手伸向转动部位，不得挪动装置内的任何物品，只有在师傅的指导下方可进行操作活动。

⑥ 遵守交通法规，注意交通安全。

### 1.3.2 认识实习的纪律要求

① 严格遵守国家法令，遵守学校及实习所在单位的各项规章制度。

② 服从实习企业现场指导人和实习指导教师的指导，虚心学习。

③ 在实习期间一般不得请假，特殊原因需要请假的必须提出书面申请，3 天以内的由实习指导教师批准，请假 3 天以上者报学院主管领导批准。请假时间不得超过实习时间的1/3。

### 1.3.3 认识实习的学习要求

① 尊重车间内的所有师傅，虚心向师傅请教。

② 实习期间，认真学习，及时记录。当天实习内容要及时总结。

③ 学习车间内的设备、流程、操作等与生产有关的知识。

④ 实习结束时按规定时间上交实习报告，考核通过方能拿到本课程的学分。

# 2 石油化工安全生产基本知识

## 2.1 石油化工企业安全生产的重要性

石油化工是石油化学工业的简称，是以石油、油田气或天然气为原料，采取不同的工艺，经过化工过程制取油品、化工原料、化工中间体和化工产品的工业，目前已成为国民经济的支柱产业之一。

由于石油化工生产中存在易燃、易爆、有毒、有害、高温、高压、腐蚀等危险因素，使其发生泄漏、火灾、爆炸等重大事故的可能性及其严重后果比其他行业要大。血的教训充分说明，在石油化工安全生产中，如果没有完善的安全防护设施和严格的安全管理，即使是先进的生产技术和设备，也难免发生事故。因此，实现安全生产，对石油化工企业尤为重要。以下从石油化工企业生产的几方面特点，论述石油化工安全生产的重要性。

### 2.1.1 生产过程具有复杂性和综合性

现代化的石油化工企业一般具有生产规模较大、分工较细、自动化程度高的特点，拥有先进的生产技术和成套复杂的大型设备，通过管道把大型联动机、塔、罐、反应器、换热器、泵和加热炉等设备互相联结，形成一个技术密集、多种技术交叉使用的综合体。劳动者受到设备运转规律、工艺流程、操作程序等一系列复杂生产技术的制约。同时，还需要机、电、仪等多工种的密切配合。

石油化工生产从原料到产品，一般都需要经过复杂的加工工序，经过多次反应和多种单元操作才能完成。例如，石油加工的催化裂化过程从原料到产品要经过 8 个加工单元，乙烯生产过程更是需要多达 12 个化学反应和分离单元。

生产过程的复杂性还体现在操作条件方面。石油化工生产过程多是在高温、高压(或低温、负压)等条件下进行的，这些苛刻的生产条件给安全生产带来了很大的困难。例如，以石脑油为原料裂解制乙烯是强吸热反应，反应最高温度可达到接近 1000℃，而产物分离过程中最低温度又达到 -170℃；整个流程中最高操作压力大于 10MPa，最低操作压力仅为 0.07~0.08MPa。在这样的工艺条件下，在温度应力和交变应力的作用下，压力容器常因此而受到破坏。

### 2.1.2 石油化工生产所涉及的物料具有危险性

(1) 物料的易燃易爆性

石油化工生产中所涉及的物料(包括原料、中间产品、产品、溶剂、添加剂等)多为易燃易爆物质，且多以气态或液态存在，易泄漏和挥发。而生产过程中的操作温度又往往较高，甚至达到或超过某些物质的自燃点。一旦出现操作失误或设备出现问题，极易发生火灾爆炸事故。例如，2011 年 7 月 16 日，大连某石化公司厂区内 $1000 \times 10^4 t/a$ 常减压蒸馏装置换热器发生泄漏并引起大火。又如，2012 年 6 月 16 日，山东某石化公司一生产装置疑因管线破裂发生泄漏事故并爆炸起火，市公安消防支队指挥中心调集辖区 27 部消防车进行救援。由于火势较大，支队又先后调集 9 个企业专职消防队 10 部消防车赶往现场。再如，2014 年 8 月 31 日，山东某化工公司人员因违章操作引发重大爆炸事故，导致公司职工及其他单位施工人员 13 人死亡、1 人重伤、17 人轻伤、多人轻微伤，并造成经济损失 4326 万元。

（2）物料的有毒有害性

石油化工生产中所涉及的原料和产品中，有多种本身即为毒物，或在反应过程中生成有毒有害的中间产物。典型的有毒物质如氰化物、氟化物、硫化物、氮氧化物等。石油化工生产过程中加氢脱硫所产生的硫化氢气体即为一种剧毒物质，人体能够闻到 $H_2S$ 气味的浓度下限为 0.30～0.46mg/m³，在 30～46mg/m³ 则出现强烈气味，在 152～228mg/m³ 时，将使人嗅觉麻痹，当吸入浓度达到 1518mg/m³ 时，在数秒钟内将发生死亡。对有毒有害类物质，在设备密封不好或其他原因造成泄漏时，很容易发生中毒事故，对人体及周围环境造成伤害。

（3）物料的腐蚀性

石油化工生产过程中使用的多种物质还具有不同程度的腐蚀性，其来源大体可分为两类：一类是生产过程中外加的一些强酸强碱类物质，如硫酸、烧碱等，它们不仅对人体有很强的灼伤作用，对金属设备也会产生强烈的腐蚀；另一类是生产过程中的一些原料和产品或中间产物也具有较强的腐蚀作用，如原油加工过程中原料中的硫化物、生产过程中产生的硫化氢、氯化氢等。腐蚀性物质不仅会降低设备使用寿命，而且它可使金属设备的壁厚减小或使设备变脆，导致承压能力下降而发生泄漏，进一步可能造成燃烧爆炸等重大事故。

### 2.1.3 生产装置大型化

为达到规模效益，现代石油化工企业的生产规模越来越大。例如，大连某石化分公司现有炼油生产装置 48 套，化工生产装置 7 套，原油一次加工能力为 $2050×10^4 t/a$。山东也有多家地方炼厂的原油一次加工能力达到 $500×10^4 t/a$ 以上。装置生产能力的提高，为降低能耗、提高生产率创造了条件，但从安全生产角度看，一套大型生产装置内储存和流动着大量的易燃易爆性物料，潜在的危险能量巨大，一旦发生火灾爆炸事故，其破坏性也是非常巨大的。

### 2.1.4 生产过程的高度连续性和协作性

石油化工生产是高度连续化的生产过程，装置开车投产后除了正常停工检修外，将每天 24h 不断地投料和产出成品。整个企业是由许多相互关联、相互依存的生产部门构成的，厂际之间、车间之间，管道互通，原料产品互相利用，是一个组织严密、相互依存、高度统一、不可分割的有机整体。从原料输入到产品输出，各个生产装置和工序之间都是紧密相连，互相制约的。如果一个工序或者一台重要设备发生故障，都会影响到整个生产过程的平稳正常进行，甚至有可能造成装置停车或发生重大事故。

## 2.2 石油化工行业安全教育的意义及主要内容

### 2.2.1 安全教育的意义

安全生产是社会安定、经济建设健康发展的重要保障。通过对石化行业各种事故发生原因的分析，人们发现管理不善、违章违纪、人员素质差和设备存在隐患等是事故发生的主要原因。其中由于职工安全意识差及职工违章违纪造成的事故占比达到 68.3%。因此，对职工进行深入的安全教育，使其树立较强的安全意识和遵章守纪的工作作风对保证企业的安全生产有重要的意义。

### 2.2.2 安全教育的主要内容

首先是职业道德教育、安全思想教育和安全生产方针政策教育，它们是安全生产的基础教育。

其次是法制教育和纪律教育，这是使职工养成遵章守纪作风的必备环节，最终使职工树立法制观念，从而严格遵守劳动纪律、工艺纪律、工作纪律和组织纪律。

最后是安全技术知识和安全技能教育。只有使每位职工掌握了安全生产技术和专业性的安全技术知识，才能使职工在生产过程中能够按照安全生产的要求进行安全的工艺操作。

### 2.2.3 安全教育的形式

各石油化工企业对入厂人员(包括新招收职工、新调入职工、来厂实习学生和其他人员)均进行"三级"教育，分别是厂级安全教育、车间安全教育和班组安全教育。

**厂级安全教育**：一般由厂级安全技术部门与教育部门共同组织进行，主要讲解劳动保护的基本内容，帮助入厂人员及时树立"安全第一"的思想；介绍企业的安全概况，包括企业的生产特点、工厂设备分布(尤其是要害部位、特殊设备的分布情况)、工厂安全生产的组织机构、全厂的安全生产规章制度等；介绍企业内设置的各种警告标志和信号装置；结合企业典型事故案例，介绍抢险、救人常识及事故报告程序等。

**车间安全教育**：由车间主任会同车间安全技术人员组织进行，主要介绍车间的生产概况，包括车间的原料及产品、车间的生产工艺流程、车间安全生产组织状况、车间内危险区域及装置、有毒有害工种情况等；介绍车间的安全技术基础知识，包括车间安全生产规章制度、劳动保护用品的使用要求、车间事故易发部位及其原因和处置方法、车间常见事故案例及剖析；介绍车间防火基本知识，包括车间防火基本方针、车间易燃易爆物料情况、防火要害部位及要求、消防用品放置地点及使用方法、遇到火险如何处理等；学习安全生产文件和安全操作规程。

**班组安全教育**：由班组长会同安全员组织进行，主要介绍本班组的生产特点、作业环境、危险区域、设备状况和消防设施；讲解本工种的安全操作规程和岗位责任；讲解如何使用劳保用品；进行实例操作示范。

### 2.2.4 石油化工企业安全生产禁令

石油化工企业在深刻总结安全生产教训后出台了关于安全生产的多项要求，现摘录其中部分内容如下：

(1) 人身安全十大禁令

- 安全教育和岗位技术考试不合格者，严禁独立顶岗操作。
- 不按规定着装和班前饮酒者，严禁进入生产岗位或施工现场。
- 不戴安全帽者，严禁进入检修施工现场或进入交叉作业现场。
- 未办理登高作业票及不系安全带者，严禁高空作业。

- 未办理进入有限空间作业票，严禁进入塔、容器、油罐、油仓、反应器、下水井、电缆沟等有毒、有害、缺氧场所作业。
- 未办理电器工作证，严禁进入电气施工作业。
- 未经办理电气作业"三票"，严禁进行电气施工作业。
- 未经办理施工破土工作票，严禁破土施工。
- 机泵设备或高压容器的安全附件、防护装置不齐全好用，严禁启动或使用。
- 机动设备的转动部件，必须加防护措施，在运转中严禁擦洗或拆卸。

（2）防火防爆十大禁令
- 严禁在厂内吸烟及携带火柴、打火机、易燃易爆、有毒、易腐蚀物品入厂。
- 严禁未按规定办理用火手续，在厂区内进行施工用火或生活用火。
- 严禁穿易产生静电服装进入油气区工作。
- 严禁穿带铁钉的鞋进入油气区及易燃易爆装置。
- 严禁用汽油、易挥发溶剂擦洗各种设备、衣物、工具及地面。
- 严禁未经批准的各种机动车辆进入生产装置、罐区及易燃易爆区。
- 严禁就地排放轻质油品、液化气及瓦斯、化学危险品。
- 严禁在各种油气区内用黑色金属工具敲打。
- 严禁堵塞消防通道及随意挪用或损坏消防器材和设备。
- 严禁损坏生产区内的防爆设施及设备，并定期进行检查。

# 2.3  防火防爆

石油化工生产中，多种物料属于易燃、可燃性物质，甚至是爆炸性物质。就目前的工艺技术水平看，在石油化工的某些生产过程中，物料不得不用明火加热，另外，设备检修过程也要经常动火，这就构成了石化企业既怕火又要用火的突出矛盾。而石化企业装置的处理能力又很大，一旦处理不好这个矛盾，就会发生重大事故，后果极其严重。因此，在石化企业里，防火防爆是一项十分重要而艰巨的任务，是石化企业安全工作的重中之重，企业职工及入厂实习人员都必须掌握防火防爆的基础知识。

## 2.3.1  燃烧的条件和类型

燃烧是物质间的一种相互作用，同时有光和热发生的化学反应过程，也就是化学能转化成热能的过程。在燃烧过程中，参与燃烧的物质会改变原有的性质而变成新的物质。所以，放热、发光、生成新物质是燃烧过程的三个特征，这也是区分燃烧和非燃烧现象的基本依据。

（1）燃烧必须具备的条件

燃烧必须同时具备以下三个条件：

**可燃物质**：可燃物质是进行燃烧的物质基础。凡能与空气中的氧或其他氧化剂起剧烈反应的物质都属于可燃物质，如汽油、酒精、液化石油气、氢、煤炭、木材等。移走可燃物质，燃烧就会停止。

**助燃物质**：凡是具有较强的氧化能力，能与可燃物发生化学反应并能帮助和支持燃烧的物质，均称为助燃物质，如空气（氧气）、氯气、高锰酸钾等。当助燃物质不足时，燃烧就会逐渐减弱，甚至熄灭。

**着火源**：凡是能引起可燃物质发生燃烧的热能源，均称为着火源，如明火、摩擦、撞击、高温表面、自然发热、化学能、电火花、聚集的曝光或射线等。要使可燃物质燃烧，需要足够的温度和能量。各种物质燃烧所需的温度和能量并不相同，例如，室温下，用火柴去点汽油和柴油，汽油会立刻烧起来，柴油却烧不起来。

以上三个条件必须同时具备，缺一不可。但实际的燃烧不仅要同时具备这三个条件，还要求可燃物和助燃物达到适当的比例，着火源具备一定的强度，否则即使同时具备了上述三个条件燃烧也不能发生。

进入厂区"严禁烟火""吸烟等于放火"，这些话对具有易燃、易爆、高温、高压特性的石油化工生产环境绝不夸张。烟头虽然不大，但它的表面温度可达到200~300℃，中心温度更高达700~800℃。一支香烟可燃烧4~15min，没有熄灭的烟头会产生阴燃，时间可长达数小时。由于许多物质的燃点低于烟头的表面温度，因此，能引起许多物质的燃烧。

**典型案例**：某化工厂的环己烷分离罐脱水装置，操作工离开现场忘关阀门，物料沿排洪沟流失，在离车间几百米处，遇丢弃的烟头爆燃，回火烧至车间。

（2）燃烧的类型

根据分类的标准不同，燃烧有不同的分类结果。燃烧可根据可燃物质存在的状态进行分类，也可根据燃烧起因和剧烈程度分类。

根据可燃物质存在的状态不同，可将燃烧分为均一系燃烧和非均一系燃烧两大类。均一系燃烧是指燃烧反应在同一相中进行，如氢气在空气中的燃烧。非均一系燃烧是指燃烧反应在两相间进行，如石油、木材等液体和固体的燃烧。在此分类基础上，可将燃烧细分为以下三类。

**可燃性气体燃烧**：此类燃烧有混合燃烧（动力燃烧）和扩散燃烧之分。可燃性气体预先与空气（或氧气）混合，而后进行的燃烧称为混合燃烧，其特点是反应速度快，火焰传播速度也快，化学性爆炸即属于这一类型。若可燃性气体与周围空气一边混合一边燃烧，则称为扩散燃烧。例如，可燃性气体自管内喷出在管口发生的燃烧。扩散燃烧中，由于氧进入反应带只是部分参加反应，所以常常产生不完全燃烧的黑烟。

**可燃性液体燃烧**：此类燃烧有蒸发燃烧和分解燃烧之分。液体蒸发产生的蒸气进行的燃烧叫做蒸发燃烧。难挥发的可燃液体的燃烧，是受热后分解产生的可燃性气体进行燃烧，故称为分解燃烧。

**可燃性固体燃烧**：如木材和煤的燃烧，是固体燃料受热分解产生的可燃性气体的燃烧，也属于分解燃烧。而像硫黄和萘这类可燃固体，是先发生熔融蒸发而后进行燃烧，因此属于蒸发燃烧。固体燃烧一般有火焰产生，又称为火焰型燃烧。当可燃固体燃烧到最后，分解不出可燃气体时，此时没有可见火焰，只剩下炭，燃烧转为表面燃烧或叫均热型燃烧。

根据燃烧起因和剧烈程度不同，燃烧又可分为自燃、闪燃和着火等类型。

**自燃**：可燃物质受热升温而不需要明火作用就能着火的现象称为自燃。引起自燃的最低温度称为自燃点，自燃点越低，危险性越大。

**闪燃**：在一定温度下，可燃液体的蒸气与空气混合后，遇到火源而引起瞬间（延续时间小于5s）的燃烧现象，称为闪燃。可燃性液体发生闪燃时的最低温度即为该液体的闪点。闪燃往往是着火先兆，闪点越低，火灾危险性越大。一般将闪点小于或等于45℃的液体称为易燃液体，闪点大于45℃的液体称为可燃液体。表2-1列出了部分成品油在空气中的闪点与自燃点。

表 2-1　部分成品油在空气中的闪点与自燃点

| 油品 | 闪点/℃ | 自燃点/℃ | 油品 | 闪点/℃ | 自燃点/℃ |
|---|---|---|---|---|---|
| 汽油 | <28 | 510~530 | 重柴油 | >120 | 300~330 |
| 煤油 | 28~45 | 380~425 | 蜡油 | >120 | 300~320 |
| 轻柴油 | 28~45 | 350~380 | 渣油 | >120 | 230~240 |

**着火**：可燃物质在有足够助燃物的情况下，与火源接触后引起持续燃烧的现象称为着火。将火源移去后仍能继续燃烧的最低温度称为该物质的着火点或燃点。两种燃点不同的可燃物质在相同的条件下，受到火源作用时，燃点低的物质先着火。用冷却法灭火，其原理就是将燃烧物质的温度降到燃点以下，使燃烧停止。

### 2.3.2　爆炸

爆炸是物质由一种状态迅速转为另一种状态，并在瞬间以声、光、热、机械功等形式放出大量能量的现象，是一种极为迅速的物理或化学能量释放的过程。爆炸时系统内存在高压气体(或蒸气)，高压气体骤然膨胀做功。

(1) 爆炸的分类

① 按爆炸的瞬时燃烧速度分类，可分为轻爆、爆炸和爆轰。轻爆时物质的燃烧速度不大，约为每秒数米，轻爆时破坏力不大，也无较大的声响。爆炸时物质的燃烧速度达到每秒十几米至几百米，此时在爆炸点引起压力急剧增加，导致较大的破坏力和巨大的声响。爆轰时物质的燃烧速度极快，可达 1000~7000m/s，爆轰时会引起极高的压力，并产生超音速的冲击波。

② 按爆炸能量来源的不同分类，可将爆炸分为物理性爆炸和化学性爆炸。物理性爆炸是由物理因素(如温度、体积、压力等)变化而引起的爆炸现象，如蒸汽锅炉爆炸、压缩气瓶爆炸等。化学性爆炸是指物质在短时间内发生化学反应，同时产生大量气体和能量而引起的爆炸现象，如汽油蒸气、面粉粉尘等与空气混合后达到反应条件发生的爆炸。

(2) 爆炸极限及其影响因素

爆炸极限是指可燃物质与空气形成的混合物遇火源发生爆炸的极限浓度。通常用可燃气体在空气中的体积分数(%)来表示，对可燃粉尘则以 mg/L 表示。可燃物质与空气的混合物并非在任何混合比例下都能发生燃烧或爆炸。当混合物浓度低于某一浓度时，因含有过量空气，即使遇到火源也不会爆炸；当混合物浓度高于某一浓度时，因空气严重不足也不会爆炸。可燃物在空气中刚刚足以使火焰蔓延的最低浓度，称为该物质的爆炸下限；同样，足以使火焰蔓延的最高浓度称为爆炸上限。在上、下限之间的浓度范围称为爆炸范围。表 2-2 列出了部分石油化工原料与产品在空气中的爆炸极限。

表 2-2　部分石油化工原料与产品在空气中的爆炸极限　　　%(体积)

| 名　称 | 爆炸极限 | | 名　称 | 爆炸极限 | |
|---|---|---|---|---|---|
| | 下限 | 上限 | | 下限 | 上限 |
| 天然气 | 6.5 | 17.0 | 氢气 | 4.0 | 75.0 |
| 原油 | 1.1 | 8.7 | 甲烷 | 5.0 | 16.0 |
| 汽油 | 1.4 | 7.6 | 乙烯 | 2.7 | 36.0 |

| 名　称 | 爆炸极限 | | 名　称 | 爆炸极限 | |
| --- | --- | --- | --- | --- | --- |
| | 下限 | 上限 | | 下限 | 上限 |
| 煤油 | 0.7 | 5.8 | 乙炔 | 2.5 | 82.0 |
| 甲醇 | 5.5 | 36.0 | 苯 | 1.2 | 8.0 |
| 乙醇 | 3.5 | 19.0 | 丙酮 | 2.5 | 13.0 |

爆炸极限通常是在常温常压等标准条件下测定出来的数据，不是一个固定值，受各种因素的影响。同一种可燃气体、蒸气的爆炸极限随温度、压力、含氧量、惰性介质及杂物、容器、点火源强度等因素的变化而变化。

① 温度。一般情况下混合物的初始温度越高，会使分子的反应活性增加，导致爆炸范围增大，即爆炸下限降低，上限提高，从而使爆炸的危险性增大。

② 压力。增加混合气体的初始压力，通常会使上限显著增高，爆炸范围扩大。增加压力还能降低混合气的自燃点，这样使混合气在较低的着火温度下能够发生燃烧。

③ 含氧量。混合气中增加含氧量，一般情况下对下限影响不大，因为可燃气在下限浓度时，氧气是过量的。由于可燃气在上限浓度时含氧量不足，所以增加含氧量使上限显著增高，爆炸范围扩大，增加了发生火灾爆炸的危险性。

④ 惰性介质及杂物。一般情况下惰性介质的加入可以缩小爆炸极限范围，当其浓度高到一定数值时可以使爆炸物不发生爆炸。杂物的存在对爆炸极限的影响较为复杂，如少量硫化氢的存在会降低水煤气在空气混合物中的燃点，使其更易爆炸。

⑤ 容器。容器、管子的直径越小，则爆炸范围越小。当管径(或火焰通道)小到一定程度时，火焰难以在其中蔓延，可消除爆炸危险，这个直径称为临界直径或最大灭火间距。容器的材质对爆炸极限也有影响，例如氢和氟在玻璃容器中混合，甚至在液态空气的温度下于黑暗中也会发生爆炸，而在银制容器中，在一般温度下才能发生反应。

⑥ 点火源强度。点火源的强度高，热表面的面积大，火源与混合物的接触时间长，会使爆炸范围扩大，增加燃烧、爆炸的危险性。

### 2.3.3　石油化工企业防火防爆措施

(1) 控制和消除火源

石油化工生产中可能遇到的火源，除生产过程本身的燃烧炉火、反应热、电火花等以外，还有维修用火、机械摩擦热、撞击火花、静电放电火花以及违章吸烟等。这些火源是引起易燃易爆物质着火爆炸的常见原因。控制这些火源的使用范围，对防火防爆十分重要。

**明火的控制**：明火主要是指生产过程中的加热用火、维修用火及其他火源。加热易燃液体时，应尽量避免采用明火，可采用蒸汽、过热水、中间载体等。如果必须使用明火，设备应严格密闭，燃烧室应与设备建筑分开或隔离。

**摩擦与撞击火花的控制**：机器中轴承等转动部分的摩擦，铁器的相互撞击或铁器工具打击混凝土地面等都可能产生火花，管道或铁制容器裂开物料喷出时也可能因摩擦而起火花。必须保持轴承有良好的润滑，凡是撞击的两部分应采用两种不同的金属制成，搬运盛装有可燃气体和易燃液体的金属容器时，不要抛掷、拖拉、震动，不准穿带钉子的鞋进入易燃易爆车间。

**其他火源的控制**：要防止易燃物料与高温设备、管道表面相接触，可燃物的排放口应远离高温表面，高温表面要有隔热保温措施；油抹布、油棉纱等易引起自燃，应放置在安全地点，及时外运；严禁吸烟。

（2）加强易燃易爆物质的管理

**按物质的物理化学性质采取措施**：对于本身具有自燃能力的物质可采取隔绝空气、充入惰性气体保护或针对不同情况采取通风、散热、降温等措施来防止自燃和爆炸的发生；互相接触会引起燃烧爆炸的物质不能混存；对不稳定的物质，在储存中应添加稳定剂、阻聚剂等。

**系统密封及负压操作**：为了防止易燃气体、蒸气和可燃粉尘与空气构成爆炸性混合物，应该使设备密封，对于在负压下生产的设备，应防止空气吸入。负压操作可防止系统中的有毒和爆炸性气体向容器外逸散，但也要防止在负压下操作，由于系统密闭性差，外界空气通过各种孔隙进入负压系统。

**通风置换**：在含有易燃易爆及有毒物质的生产厂房内采取通风措施时，通风系统的气体吸入口应选择有新鲜空气、远离放空管道和散发可燃气体的地方，在有可燃气体的厂房内，排风设备和送风设备应有独立分开的通风机室。

（3）采用自动控制和安全防护措施

为了有效地防止超温、超压、超负荷，严格控制系统中的含氧量和加强气体监测，应采用自动分析、自动调节、自动报警、自动停车、自动排放、自动切除电源等安全联锁、自控技术措施，以便在工艺指标突然变化时，能自动进行工艺处理，这是防止火灾爆炸的重要技术措施。火灾爆炸危险性大的生产现场，应设置可燃气体、有毒有害气休浓度自动报警器，以便及时发现和消除险情。

### 2.3.4 火灾处置与个人保护

（1）灭火的基本方法

灭火的基本方法有三类，即冷却法、窒息法和隔离法。发生火灾事故时，以上三种灭火方法往往是同时交叉使用的，其实质就是设法消除发生燃烧的任何一个条件，直到火焰熄灭。

扑救初期火灾时常用灭火器，灭火器是借助驱动力将所充装的灭火剂喷出，达到灭火目的的设备，其结构简单、操作方便、轻便灵活、使用广泛。灭火器的种类很多，按其移动方式可分为手提式和推车式；按驱动灭火剂的动力来源可分为储气瓶式、储压式、化学反应式。按所充装的灭火剂则又可分为泡沫、干粉、卤代烷、二氧化碳、酸碱、清水灭火器等。下面以手提式泡沫灭火器为例，简单介绍灭火器的使用方法。

手提式泡沫灭火器适用于扑救一般 B 类火灾，如油制品、油脂等火灾，也可适用于 A 类火灾，但不能扑救 B 类火灾中的水溶件可燃、易燃液体的火灾，如醇、酯、醚、酮等物质火灾，也不能扑救带电设备及 C 类和 D 类火灾。

该类灭火器使用时可手提筒体上部的提环，迅速奔赴火场。这时应注意不得使灭火器过分倾斜，更不可横拿或颠倒，以免两种药剂混合而提前喷出。当距离着火点 10m 左右，即可将筒体颠倒过来，一只手紧握提环，另一只手扶住筒体的底圈，将射流对准燃烧物。在扑救可燃液体火灾时，如已呈流淌状燃烧，则将泡沫由远而近喷射，使泡沫完全覆盖在燃烧液面上；如在容器内燃烧，应将泡沫射向容器的内壁，使泡沫沿着内壁流淌，逐步覆盖着火液面。切忌直接对准液面喷射，以免由于射流的冲击，反而将燃烧的液体冲散或冲出容器，扩大燃烧范围。在扑救固体物质火灾时，应将射流对准燃烧最猛烈处。灭火时随着有效喷射距离的缩短，使用者应逐渐向燃烧区靠近，并始终将泡沫喷在燃烧物上，直到扑灭。使用时，灭火器应始终保持倒置状态，否则会中断喷射。

（2）火灾时的事故处置与个人保护

发现火灾时要及时拨打119火警电话，准确地向消防部门报告火情(包括起火单位、部位、燃烧物质、火势大小等)，并立即向领导和企业安全管理部门汇报。

一般实习过程中遇到火灾时，是不需要学生进行扑救的。因此，实习人员要听从带队教师或企业人员的指挥，迅速撤离火场。服从统一组织指挥，防止忙中添错、添乱。撤离过程中要警惕火场烟雾，防止中毒窒息。

现场人员自身着火时的自救。应迅速脱下衣服浸入水中，或用脚踩、水扑、灭火器灭火等方法将衣服上的火焰扑灭。如来不及脱下衣服，可就地打滚把火扑灭。现场有两人以上时，可相互扑打着火点灭火，但不能用灭火器向人身上喷射，以免在受伤部位发生化学性灼伤。

# 2.4　危险化学品的防护

在石油化工生产中，所使用的原料、产品、中间产品、副产品和工业废弃物等，很多都是对人体会产生危害的危险化学品。它们的危害主要体现在化学灼伤和中毒两方面。

## 2.4.1　化学灼伤的预防和紧急救治

人们通常把化学物质作用于机体，引起局部组织受损，并进一步导致全身性病理生理改变的过程称为化学灼伤。在生产实践中，大多数化学灼伤都是接触对组织有破坏作用的腐蚀性物质引起的。

常见的易导致化学灼伤的物质有硫酸、盐酸、氢氟酸、氨、氢氧化钠、氢氧化钾和磷等。但随着石油化工的迅速发展，新工艺、新产品不断涌现，化学灼伤的类型也随之多样化和复杂化，一些元素单体、化学毒性气体、刺激性化合物也容易引起灼伤。如对化学灼伤及时有效的处理，可以缩短致伤物质与机体组织的接触时间，尽早减小伤害。因此，争取时间及时正确地处理是化学灼伤急救的关键。

**化学灼伤的预防措施：**

① 在具有酸、碱等腐蚀性物质或有化学灼伤危险的场所应装设冲洗设备，如淋浴冲眼喷头，并配备好必要的中和剂。

② 配备具有防化性能的劳动防护用品，如眼镜、面具、手套、袖套、工作服等，并能正确使用。

③ 对有化学灼伤危险的物质盛装容器上必须有醒目的标签，对有化学灼伤危险的作业场所要设醒目的安全标志牌，提醒作业人同注意。

**化学灼伤急救的要点：**一是弄清化学性致伤物质的类别、浓度、作用方式、操作范围和程度；二是立即移离现场，迅速脱去污染衣服；三是对症采取创面处理、吸氧、镇静、止痛、解毒、抗休克等一系列治疗措施。

其中创面处理应达到以下要求：

① 无论酸、碱或其他化学灼伤，立即用大量流动自来水或清水冲洗创面15~30min。冲

洗完毕后，局部再用中和剂，用中和剂的时间不宜过长，用后必须用水洗净。

② 当致伤物质是非水溶性物质时，可用植物油或轻质汽油等对皮肤损害性小的溶剂进行清洗。

③ 新鲜创面上不要任意涂上油膏或红药水，不用脏布包裹。

对于眼灼伤，要火速急救，防止贻误时机而导致失明。要用大量的水冲洗 15～20min，水压要低，冲洗时将眼睑翻转。由于化学性眼损伤的严重程度要在灼伤后数天才能完全反映出来，因此，应将伤者及时送往眼科治疗。

对于消化道灼伤，可服黏膜保护剂，如蛋清、牛奶、稠米汤等，以保护食道和胃黏膜。应尽量避免呕吐而加重损伤。如伤者神志清醒并能吞咽，应让其大量饮水。

### 2.4.2　中毒的预防和紧急救治

凡少量化学物质进入人体后与人体组织发生化学或物理作用，并在一定条件下破坏正常生理机能，引起某些暂时性或永久性的病变，人们把这种病变称为中毒，引起中毒的化学物质称为毒物。

（1）工业上毒物的来源、分类及其危害

在生产过程中产生或使用的各种有毒物质，通称为生产性毒物或工业毒物，生产性毒物在生产过程中可能是原料、辅助材料、半成品、成品，也可能是副产品、夹杂物，或其中含有的有毒成分。

生产性毒物的存在状态可能是气体、液体或固体，生产环境中常见的形态是气体、蒸气、烟、雾、粉尘等，从而对空气造成污染，对人体产生危害。

生产性毒物的分类方法很多，目前最常用的分类方法是按化学性质及其用途相结合的分类法，按此类方法可分为以下几种：

① 金属、非金属及其化合物，如铅、汞、锰、砷、磷等；

② 卤素及其无机化合物，如氟、氯、溴、碘等；

③ 强酸和碱性物质，如硫酸、硝酸、盐酸、氢氧化钠、氢氧化钾等；

④ 氧、氮、碳的无机化合物，如臭氧、氮氧化物、一氧化碳、光气等；

⑤ 窒息件惰性气体，如氦、氖、氩、氮等；

⑥ 有机毒物，按化学结构又分为脂肪烃类、芳香烃类、卤代烃类、氨基及硝基烃类、醇类、醛类、醚类、酮类、酰类、酸类、腈类、杂环类、羰基化合物等；

⑦ 农药类，包括有机磷、有机氯、有机汞、有机硫等；

⑧ 染料及中间体、合成树脂、合成橡胶、合成纤维等。

生产性毒物会对人体多个系统或器官造成危害，主要包括神经系统、呼吸系统、血液和造血系统、消化系统、泌尿系统、皮肤及眼睛等。

**神经系统**：毒物对中枢神经和周围神经系统均有不同程度的危害作用，其表现为神经衰弱症候群，患者出现全身无力、易疲劳、记忆力减退、睡眠障碍、情绪激动、思想不集中等症状；神经症状表现为患者出现狂躁、忧郁、消沉、健谈或寡言等症状；多发性神经炎主要损害人的周围神经，患者早期症状为手脚发麻疼痛，以后发展到动作不灵活，如二硫化碳、砷或铅中毒。

**呼吸系统**：氨、氯气、氮氧化物、氟、二氧化硫等刺激性毒物可引起声门水肿及痉挛、鼻炎、气管炎、支气管炎、肺炎和肺气肿。某些高浓度毒物（如硫化氢、氯、氨等）能直接抑制呼吸中枢或引起机械性阻塞或窒息。

**血液和造血系统**：严重的苯中毒，可抑制骨髓造血功能。砷化氢等中毒，可引起严重的溶血，出现血红蛋白尿，导致溶血性贫血。一氧化碳中毒可使血液的输氧功能发生障碍。钡、砷、有机农药等中毒，可造成心肌损伤，直接影响到人体血液循环系统的功能。

**消化系统**：经消化系统进入人体的毒物可直接刺激、腐蚀胃黏膜产生绞痛、恶心、呕吐、食欲不振等症状。非经消化系统中毒者有时也会有一些消化道症状。

**泌尿系统**：某些毒物损害肾脏，尤其以升汞和四氯化碳等引起的急件肾小管坏死性肾病最为严重。此外，乙二醇、汞、铅等也可引起中毒件肾病。

**皮肤**：强酸、强碱等化学药品可导致皮肤灼伤和溃烂。液氯、丙烯腈和氯乙烯等可引起皮炎、红斑和湿疹等。苯、汽油能使皮肤因脱脂而干燥、皲裂。

**眼睛**：化学物质的碎屑、液体、粉尘飞溅到眼睛内，可发生角膜或结膜的刺激炎症、腐蚀灼伤或过敏反应。尤其是腐蚀性物质，可使眼结膜坏死糜烂或角膜浑浊。甲醇影响视神经，严重时可导致失明。

（2）中毒的预防

消除生产性中毒，需采取综合措施，分为消除毒物、控制毒物浓度、个体防护和卫生保健、卫生监督监测管理等几方面。

**消除毒物**：从生产工艺中消除有毒物质，以无毒或低毒物料或工艺代替有毒、高毒物料或工艺，这是从根本上解决防毒问题的办法，也是防毒方面的一个重要科研方向。如不用有机溶剂的水溶性漆，不用氰化物的无氰电镀等。

**控制毒物浓度**：降低空气中毒物含量，使之达到或低于最高容许浓度，是防止中毒的中心环节，可以通过技术革新实现密闭化、连续化、自动化生产，并合理布置厂房和设备等措施实现。生产中，严格执行生产工艺和安全操作规程，加强对生产设备的检查、维修，防止跑、冒、滴、漏等污染环境的现象。

**个体防护和卫生保健**：在生产中，配备合适的防护服和防护用品，根据作业场所有毒有害的程度配备相应的呼吸防护器具。在车间设置洗手、淋浴设施等，减少毒物作用的机会。开展职业卫生教育，使职工增强自我保护意识和防护能力，并严格执行定期体检制度。

**卫生监督监测管理**：严格执行预防性卫生监督、经常性卫生监督和定期检测制度，使作业场所的毒物浓度控制在国家卫生标准以下。

（3）急性中毒的紧急救治

急性中毒是指大量毒物在较短时间内侵入人体引起的中毒。急性中毒的特征是毒物吸收快，毒性作用迅速而剧烈。大部分是经呼吸道吸入，也可由皮肤吸收所引起。常见的有窒息性气体、刺激性气体、有机溶剂及有机磷中毒等。

发生急性中毒，必须立即进行抢救。在救护中应注意以下几点：

① 尽可能准确判断引起中毒的途径，阻止毒物继续侵入体内。如果毒物经呼吸道进入体内，应立即将患者移到空气新鲜处，并保持患者呼吸道通畅；如果毒物经皮肤进入人体，应立即除去受毒物污染的衣物，用清水或解毒剂彻底清洗受污染的皮肤表面；如果毒物经口腔侵入人体，应立即采取催吐或保护胃黏膜等措施。

② 维持主要脏器的功能。在抢救时，要特别注意呼吸衰竭、循环衰竭、心功能衰竭、肾功能衰竭等严重危及生命的紧急情况，并及时采取积极有效的治疗措施。

③ 解毒治疗。促使进入人体内的毒物尽快排出，消除毒物在体内的毒作用。

④ 加强护理。密切观察患者病情的发展及变化，对出现的各种病变要及时处理。

# 2.5 电气事故防护

在石油化工生产中，从动力到照明，从电热到制冷，从控制到信号，从仪表到计算机系统，无不使用电。但电力的使用也存在危险因素，在使用过程中，稍有不慎就会造成人身伤亡事故，带来巨大损失。特别是石油化工的连续性以及生产过程中所涉及的物质多为易燃、易爆、腐蚀性和有毒物质，提高安全用电安全意识，防止各类电气设备事故和人身触电事故的发生显得尤为重要。电气事故包括触电、雷电、静电、电气系统故障等，以下从认识实习的角度出发，仅对触电事故和静电防护两方面进行阐述。

## 2.5.1 触电事故的种类与危害

（1）触电事故的种类

当人体触及带电体，或者带电体与人体之间闪击放电，或者电弧波及人体，电流通过人体进入大地或其他导体，形成导电回路，这种情况就叫触电。按照人体触及带电体的方式和电流流过人体的途径，人体触电一般分为与带电体直接接触触电、跨步电压触电、接触电压触电等几种形式。触电事故包括电击和电伤两种形式。

电击是电流对人体内部组织的伤害，它会破坏人的心脏、呼吸及神经系统的正常工作，使人出现痉挛、窒息、心颤、心脏骤停等症状，甚至危及生命，是最危险的一种伤害，绝大多数（85%以上）的触电死亡事故都是由电击造成的。

电伤是由电流的热效应、化学效应、机械效应等对人造成的伤害。在触电伤亡事故中，纯电伤性质的及带有电伤性质的约占75%（电烧伤约占40%）。尽管大约85%以上的触电死亡事故是电击造成的，但其中大约70%含有电伤成分。

（2）触电的危害

电流对人体的危害与通过人体的电流强度、持续时间、电压、频率、人体电阻、通过人体的途径以及人体的健康状况等因素有关，而且各种因素之间有着十分密切的关系。当电流流经人体时，会产生不同程度的刺痛和麻木，并伴随不自觉的皮肤收缩。肌肉收缩时，胸肌、膈肌和声门肌的强烈收缩会阻碍呼吸，而使触电者死亡。电流通过心脏造成心脏功能紊乱，会使触电者因人脑缺氧而迅速死亡。电流通过中枢神经系统的呼吸控制中心可使呼吸停止。电流通过心脏、呼吸系统和中枢神经时，危险性最大。

## 2.5.2 触电事故的防护

（1）触电事故的抢救

触电事故多发生在每年的6~8月间，这是由于夏季湿热，电气设备易受潮漏电，加上炎热季节人体易出汗，人体电阻下降。另外，触电事故多发生在低压设备上，这是因为低压设备应用广，接触机会多。此外，触电还多发生在非电专业人员身上，因此，有必要对企业实习学生进行用电安全教育，未经允许不得随意乱动设备。

人体触电后会出现神经麻痹、呼吸中断、心脏停止跳动等症状，外表呈昏迷不醒状态，此时并不是真正死亡，而是"假死状态"，如果立即进行急救，绝大多数的触电者是可以救活的。据资料统计，从触电后1min开始救治的约有90%的良好效果，从触电后6min开始救治的约有 10% 的良好效果，从触电后 12min 开始救治的，救活的可能性就很小。

触电后抢救的关键在于能否使触电者脱离电源，并及时、正确的施行救护。

触电急救的基本原则可以概括为"八字原则"，即迅速（脱离电源）、就地（进行抢救）、准确（姿势）、坚持（抢救）。同时根据伤情的需要，迅速联系医疗部门救治，任何迟疑和操作错误都会导致触电者伤情加重或造成死亡。

触电后抢救的具体方法如下：

① 脱离电源。立即切断电源，如未发现开关，应借助附近干燥的木棍、绳索等绝缘物将触电者与电源分开。

② 高压触电则必须通知变电所切断电源后，方可靠近触电者抢救。

③ 现场抢救措施：触电者伤害较轻，未失去知觉，仅在触电时一度昏迷过，则应使其就地安静休息 1~2h，但要继续观察。

④ 触电者伤害较重，则应立即做人工呼吸；必要时采取口对口人工呼吸和胸外心脏挤压术，进行人工复苏抢救。尽可能耐心坚持，直到救活或确认死亡为止。

⑤ 无论伤员轻重，应立即通知急救中心施救，并注意在转送医院途中不可中断抢救措施。

（2）静电防护措施

静电防护主要有以下几方面措施：

① 进厂人员避免穿化纤衣服，应穿着防静电服，或棉织品服装；

② 勿用化纤或丝绸纱布去擦拭加油机、油罐口或量油口等；

③ 在爆炸危险区场所设置座椅时，勿选择人造革或化纤类做靠垫的座椅；

④ 在爆炸危险场所，工作人员严禁穿脱衣服，不得梳头拍打衣服。

# 3 化工生产常用设备

## 3.1 流体输送机械

为流体提供能量的机械称为流体输送机械。输送液体的机械通称为泵，输送气体的机械通称为风机或压缩机。化工生产中要输送的流体种类繁多，流体的温度、压力、流量等操作条件也有较大的差别。为了适应不同情况下输送流体的要求，需要不同结构和特性的流体输送机械。化工厂中常用的流体输送设备，按其工作原理可分为四类：离心式、往复式、旋转式及流体作用式。

### 3.1.1 离心泵

#### 3.1.1.1 离心泵的工作原理和主要部件

（1）离心泵的工作原理

① 基本工作原理　离心泵装置见图 3-1，其中叶轮 1 安装在泵壳 2 内，并紧固在泵轴 3 上。泵轴有电机直接带动。泵壳中央有一液体吸入口与吸入管 4 连接。液体经底阀 5 和吸入管 4 进入泵内。泵壳内的液体经排出口与压出管 6 连接。

在泵启动前，先将泵壳内灌满被输送的液体。启动后，泵轴带动叶轮高速旋转，叶片之间的液体随叶轮一起旋转，在离心力的作用下，液体沿着叶片间的通道从叶轮中心进口处被甩到叶轮外围，以很高的速度流入泵壳，液体流到蜗形通道后，由于截面逐渐扩大，大部分动能转变为静压能。于是液体以较高的压力，从压出口进入压出管，输送到所需的场所。当叶轮中心的液体被甩出后，泵壳的吸入口就形成了一定的真空，外面的大气压力迫使液体经底阀吸入管进入泵内，填补了液体排出后的空间。可见，只要叶轮旋转不停，液体就源源不断地被吸入与排出。

② 气缚现象　离心泵若在启动前未充满液体，则泵壳内存在空气。由于空气密度很小而产生较小的离心力。此时，在吸入口处所形成的真空不足以将液体吸入泵内。虽启动离心泵，但不能输送液体。此现象称为"气缚"。

为便于使泵内充满液体，在吸入管底部安装带吸滤网的底阀，底阀为止逆阀，滤网是为了防止固体物质进入泵内，损坏叶轮的叶片或妨碍泵的正常操作。

③ 汽蚀现象　当储槽液面上的压力一定时，吸上高度越高，则泵口压力越小，当叶轮入口最低压力降到液体在该处温度下的饱和蒸气压时，液体将有部分汽化，小气泡随液体流到叶轮内高压力区域，小气泡便会突然

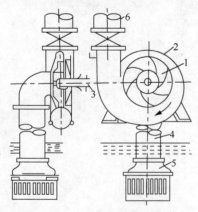

图 3-1　离心泵装置简图

1—叶轮；2—泵壳；3—泵轴；

4—吸入管；5—底阀；6—压出管

破裂，其中的蒸气会迅速凝结，周围的液体将以高速冲向刚消失的气泡中心，造成很高的局部冲击压力，冲击叶轮，发生噪声，引起震动，金属表面受到压力大、频率高的冲击而剥蚀，使叶轮表面呈现海绵状，这种现象称为"汽蚀"。

开始汽蚀时，汽蚀区域小，对泵的正常工作没有明显影响，当汽蚀发展到一定程度时，汽泡产生量较大，液体流动的连续性遭到破坏，泵的流量、扬程、效率均明显下降，不能正常操作，为避免汽蚀发生，泵的安装高度不能太高。

（2）离心泵的主要部件

离心泵的主要部件有叶轮、泵壳和轴封装置。

① 叶轮　叶轮是离心泵的核心部件，它的作用是将原动机的机械能传给液体，以增加液体静压能和动能（主要增加静压能）。叶轮一般有 6~12 片后弯叶片，按有无盖板分为开式、闭式和半开式三种，如图 3-2 所示。

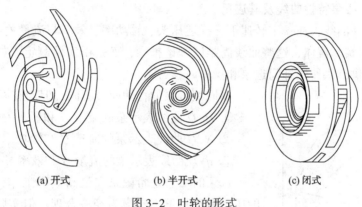

(a) 开式　　　　(b) 半开式　　　　(c) 闭式

图 3-2　叶轮的形式

开式叶轮两侧都没有盖板，制造简单，清洗方便，但效率较低，适用于输送含杂质的悬浮液，输送的液体压力不高。半开式叶轮吸入口一侧没有前盖板，而另一侧有后盖板，它也适用于输送悬浮液，效率也较低。闭式叶轮叶片两侧都有盖板，效率较高，应用最广，但只适用于输送清洁液体。

叶轮有单吸和双吸两种吸液方式。

② 泵壳　泵体的外壳，它包围叶轮，在叶轮四周开成一个截面积逐渐扩大的蜗牛壳形通道。有预留到截面积逐渐扩大，故从叶轮四周甩出的高速液体逐渐降低流速，使部分动能有效地转化为静压能。

③ 轴封装置　其作用式避免泵内高压液体沿间隙漏出，或防止外界空气从相反方向进入泵壳内。常见轴封装置有机械密封和填料密封两种。填料一般用浸油或涂有石墨的石棉绳。机械密封主要是靠装在轴上的动环与固定在泵壳上的静环之间断面作相对运动而达到密封的目的。

**3.1.1.2　离心泵的主要性能参数**

① 流量　泵的流量（又称送液能力）是指单位时间内泵所输送的液体体积。用 $Q$ 表示，常用单位为 L/s、$m^3/s$ 或 $m^3/h$ 等。离心泵的流量与泵的结构、尺寸和转速有关。操作时，泵实际所输送的液体量还与管路阻力及所需压力有关。

② 扬程　泵的扬程（又称泵的压头）是指单位重量液体流经泵后所获得的能量，用符号

$H$ 表示，单位为 m。离心泵压头的大小取决于泵的结构(如叶轮直径的大小，叶片的弯曲情况等)、转速及流量。目前对泵的压头尚不能从理论上作出精确的计算，一般用实验方法测定。

③ 效率　离心泵在实际运转中，由于存在各种能量损失，致使泵的实际(有效)压头和流量均低于理论值，而输入泵的功率比理论值为高。反映能量损失大小的参数称为效率。离心泵的能量损失包括容积损失、水力损失、机械损失。

离心泵的效率与泵的类型、尺寸、加工精度、液体流量和性质等因素有关。通常，小泵效率为 50% ~ 70%，而大型泵可达 90%。

④ 轴功率　由电机输入泵轴的功率称为泵的轴功率，单位为 W 或 kW。

泵在运转时可能发生超负荷，所配电动机的功率应比泵的轴功率大。在机电产品样本中所列出的泵的轴功率，除非特殊说明以外，均系指输送清水时的数值。

### 3.1.1.3　离心泵特性曲线及其应用

离心泵的特性曲线：在一定转速下，描述压头、轴功率、效率与流量关系($H$-$Q$、$N$-$Q$、$\eta$-$Q$)的曲线。对实际流体，这些曲线尚难以理论推导，而是由实验测定。如图 3-3 所示由泵的生产厂家提供，供使用部门选泵和操作时参考。

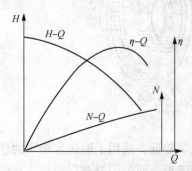

图 3-3　离心泵的性能曲线

不同型号泵的特性曲线不同，但均有以下三条曲线：

① $H$-$Q$ 曲线表示泵的流量 $Q$ 和压头 $H$ 的关系；

② $N$-$Q$ 曲线表示泵的流量 $Q$ 和轴功率 $N$ 的关系；

③ $\eta$-$Q$ 曲线表示泵的流量 $Q$ 和效率 $\eta$ 的关系。

选泵时，总是希望泵在最高效率工作，泵在该点对应的压头和流量下工作最为经济合理。但实际上泵往往不可能正好在该条件下运转，因此，一般只能规定一个工作范围，称为泵的高效率区。高效率区的效率应不低于最高效率的 92% 左右。泵在铭牌上所标明的性能参数记为最高效率点上的工况参数。离心泵产品目录和说明书上也还常常注明最高效率区的流量、压头和功率的范围等。离心泵的性能曲线可作为选择泵的依据。确定泵的类型后，再依流量和压头选泵。

### 3.1.1.4　特性曲线的影响因素

(1) 液体物理性质的影响

泵生产部门所提供的特性曲线是用清水作实验求得的。当所输送的液体性质与水相差较大时，要考虑黏度及密度对特性曲线的影响。

① 黏度的影响　所输送的液体黏度大于实验条件下水的黏度时，泵体内能量损失增大泵的压头、流量都要减小，效率下降，而轴功率则要增大，所以特性曲线改变。

② 密度的影响　离心泵的压头、流量与密度无关，功率随液体密度而改变。因此，当被输送液体的密度与水不同时，不能使用该泵所提供的 $N$-$Q$ 曲线，而应重新计算。

(2) 离心泵的转速对特性曲线的影响

当液体的黏度不大、泵的效率不变时，泵的流量、压头、轴功率与转速的关系可近似用比例定律进行修正。

（3）叶轮直径对特性曲线的影响

当叶轮直径变化不大，转速不变时，叶轮流量、压头、轴功率与直径之间关系可近似关系用切割定律进行修正。

### 3.1.1.5　离心泵的工作点和流量调节

（1）管路特性曲线

当离心泵安装在一定的管路系统时，泵应提供的压头和流量不仅与离心泵本身的特性有关，而且还取决于管路的工作特性。管路所需压头与流量的关系曲线称为管路特性曲线，其方程用下式表示：

$$H = A + BQ_e^2$$

（2）离心泵的工作点

离心泵安装在一定的管路系统中工作时，泵的特性曲线与管路特性曲线交点处称为泵的工作点（图3-4）。该点所表示的流量 $Q$ 与压头 $H$，既是管路系统所要求，又是离心泵所能提供的。若该点所对应效率是在最高效率区，则该工作点是适宜的。

（3）离心泵的流量调节

泵在实际操作过程中，经常需要调节流量。从泵的工作点可知，调节流量实质上就是改变离心泵的特性曲线或管路特性曲线，从而改变泵的工作点的问题。

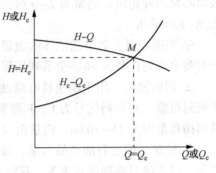

图3-4　离心泵的工作点

离心泵的流量调节方法：

① 改变出口阀门开度以调节流量，实质是用开大或关小阀门的方法来改变管路特性曲线。这种方法的优点是操作简便、灵活。但能量损失大，不经济，但其方便，在实际生产中被广泛采用。

② 改变离心泵的转速或改变叶轮外径，以改变泵的特性曲线。这种调节方法实施起来不方便，流量调节范围也不大，故应用不广泛。

### 3.1.1.6　离心泵的安装与运转

（1）安装

① 安装高度不能太高，应小于允许安装高度，以免发生汽蚀现象。

② 设法尽量减少吸入管路的阻力。主要考虑：吸入管路应短而直；吸入管路的直径可以稍大；吸入管路减少不必要的管件；调节阀应装于出口管路。

（2）操作

① 启动前应灌泵，并排气，以免发生气缚现象；

② 应在出口阀关闭的情况下启动泵；

③ 停泵前先关闭出口阀，以免损坏叶轮；

④ 经常检查轴封情况。

### 3.1.1.7　离心泵的类型与选用

（1）离心泵的类型

离心泵的种类很多，按输送液体的性质不同。可分为清水泵、耐腐蚀泵、油泵、杂质泵等；按叶轮的吸液方式不同，可分为单吸泵、双吸泵；单吸泵由一侧吸入液体；双吸泵从中心的两侧，适用于大流量、低扬程的场合。按叶轮的数目不同分为单级泵、多级泵；单级泵只有一片叶轮，通常扬程不高；多级泵多个叶轮，扬程高。

① 清水泵 （用于工业生产输送物理、化学性质与清水类似的液体），型号有：IS 型（旧型号 B 型）、D 型、Sh 型。

IS 型泵：是根据国际标准 ISO2858 规定的性能和尺寸设计的，单级单吸悬臂式离心水泵。全系列扬程范围为 8~98m，流量范围为 4.5~360m³/h。一般生产厂家提供 IS 型水泵的系列特性曲线（或称选择曲线），以便于泵的选用。

D 型清水泵：若所要求的扬程较高而流量不太大时，可采用 D 型多级离心泵。国产多级离心泵的叶轮级数通常为 2~9 级，最多 12 级。全系列扬程范围为 14~351m，流量范围为 10.8~850m³/h。

Sh 型离心泵：若泵送液体的流量较大而所需扬程并不高时，则可采用双吸离心泵。国产双吸泵系列代号为 Sh。全系列扬程范围为 9~140m，流量范围为 120~12500m³/h。

② 耐腐蚀泵 用于输送具有腐蚀性的液体，接触液体的部件用耐腐蚀的材料制成，要求密封可靠。其系列代号为 F。F 型泵多采用机械密封装置，以保证高度密封要求。F 泵全系列扬程范围为 15~105m，流量范围为 2~400m³/h。

③ 油泵 输送石油产品的泵，要求有良好的密封性。油泵有单吸与双吸、单级与多级之分。国产油泵系列代号为 Y、双吸式为 YS。全系列的扬程范围为 60~600m，流量范围为 6.25~500m³/h。

④ 杂质泵 输送含固体颗粒的液体、稠厚的浆液，叶轮流道宽，叶片数少，常采用半闭式或开式叶轮，泵的效率低。其系列代号为 P。

（2）选用

选用离心泵的基本原则，是以能满足液体输送的工艺要求为前提的。选择步骤为：

① 确定输送系统的流量与压头 流量一般为生产任务所规定。根据输送系统管路的安排，用柏努利方程式计算管路所需的压头。

② 选择泵的类型与型号 根据输送液体性质和操作条件确定泵的类型。按已确定的流量和压头从泵样本产品目录选出合适的型号。需要注意的是，如果没有适合的型号，则应选定泵的压头和流量都稍大的型号；如果同时有几个型号适合，则应列表比较选定。然后按所选定型号，进一步查出其详细性能数据。

③ 校核泵的特性参数 如果输送液体的黏度和密度与水相差很大，则应核算泵的流量与压头及轴功率。

## 3.1.2 其他类型的化工用泵

### 3.1.2.1 往复泵

（1）构造和操作原理

① 主要部件 往复泵主要部件有泵缸、活塞、活塞杆、吸入阀和排出阀（图 3-5）。

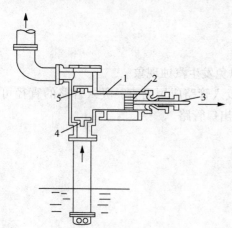

图 3-5 往复泵装置简图
1—泵缸；2—活塞；3—活塞杆；
4—吸入阀；5—排出阀

20

② 工作原理　往复泵是通过活塞的往复运动直接以压力能的形式向液体提供能量的液体输送机械。

往复泵有自吸能力，启动前不灌泵。活塞在泵体内左右移动的顶点称为"死点"。两死点之间的活塞行程，即活塞运动的距离，称为冲程。

（2）往复泵的流量和压头

① 往复泵的流量与压头无关，与泵缸的尺寸、活塞冲程及往复次数有关。

往复泵的实际流量比理论流量小，且随着压头的增高而减小，这是由于漏失所致。

② 往复泵的压头与泵的流量及泵的尺寸无关，而是由泵的机械强度、原动机的功率等因素决定。

（3）往复泵的操作要点和流量调节

往复泵的效率一般都在 70% 以上，最高可达 90%，它适用于所需压头较高的液体输送。往复泵可用以输送黏度很大的液体，但不宜直接用以输送腐蚀性的液体和有固体颗粒的悬浮液，因泵内阀门、活塞受腐蚀或被颗粒磨损、卡住，都会导致严重的泄漏。

① 由于往复泵是靠储池液面上的大气压来吸入液体，因而安装高度有一定的限制。

② 往复泵有自吸作用，启动前无需要灌泵。

③ 一般不设出口阀，即使有出口阀，也不能在其关闭时启动。（往复泵的流量与管路特性无关，若把泵的出口阀完全关闭而继续运转，则泵内压强会急剧增加，造成泵体、管路和电动机损坏，因此正位移泵启动时不能将出口阀关闭，也不能用出口阀调节流量）。

④ 往复泵的流量调节方法：

a. 用旁路阀调节流量。泵的送液量不变，只是让部分被压出的液体返回储池，使主管中的流量发生变化。显然这种调节方法简便可行但很不经济，只适用于流量变化幅度较小的经常性调节(图 3-6)。

b. 改变曲柄转速。因电动机是通过减速装置与往复泵相连的，所以改变减速装置的传动比可以很方便地改变曲柄转速，从而改变活塞自往复运动的频率，达到调节流量的目的。这种调节方法经济性好但操作不便，在经常性调节中很少使用。

### 3.1.2.2　计量泵

计量泵又称比例泵，当要求精确输送流量恒定的液体时，可以方便而准确地借助调节偏心轮的偏心距离，来改变柱塞的冲程而实现。有时，还可通过一台电机带动几台计量泵的方法将几种液体按比例输送或混合(图 3-7)。

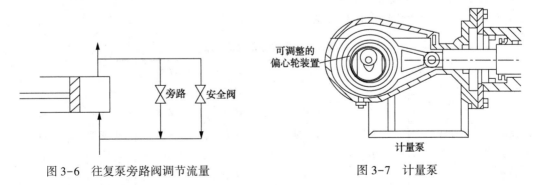

图 3-6　往复泵旁路阀调节流量　　　　　图 3-7　计量泵

### 3.1.2.3　齿轮泵

齿轮泵的结构如图 3-8 所示。泵壳内有两个齿轮，一个用电动机带动旋转，另一个被啮合着向相反方向旋转。吸入腔内两轮的啮相互拨开，于是形成低压而吸入液体；被吸入的液体被齿嵌住，随齿轮转动而到达排出腔。排出腔内两齿相互合拢，于是形成高压而排出液体。

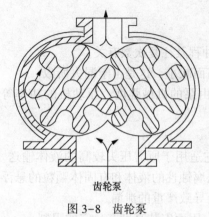

图 3-8　齿轮泵

齿轮泵的压头较高而流量较小，可用于输送黏稠液体以至膏状物料（如输送封油），但不能用于输送含有固体颗粒的悬浮液。

#### 3.1.2.4　螺杆泵

螺杆泵内有一个或一个以上的螺杆。在单螺杆泵中，螺杆在有内螺旋的壳内运动，使液体沿轴向推进，挤压到排出口。在双螺杆泵中，一个螺杆转动时带动另一个螺杆，螺纹互相啮合，液体被拦截在啮合室内沿杆轴前进，从螺杆两端被挤向中央排出。此外还有多螺杆泵，转速高，螺杆长，因而可以达到很高的排出压力。三螺杆泵排出压力可达 10MPa 以上（图 3-9）。

螺杆泵效率高，噪声小，适用于在高压下输送黏稠性液体，并可以输送带颗粒的悬浮液。

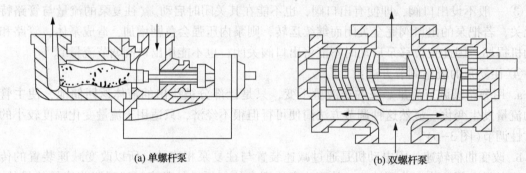

(a) 单螺杆泵　　　　　　　　　　　　(b) 双螺杆泵

图 3-9　螺杆泵

#### 3.1.2.5　旋涡泵

旋涡泵是一种特殊类型的离心泵。它的叶轮是一个圆盘，四周铣有凹槽，成辐射状排列。叶轮在泵壳内转动，其间有引水道。泵内液体在随叶轮旋转的同时，又在引水道与各叶片之间，因而被叶片拍击多次，获得较多能量。

#### 3.1.2.6　各种化工用泵的比较

各种化工用泵的性能特点比较见表 3-1。

表 3-1　各类泵的性能特点

| 项目 | 离心式 | | 正位移式 | | | | |
| --- | --- | --- | --- | --- | --- | --- | --- |
| | | | 往复式 | | | 旋转式 | |
| | 离心泵 | 旋涡泵 | 往复泵 | 计量泵 | 隔膜泵 | 齿轮泵 | 螺杆泵 |
| 流量 | ①④⑥ | ①④⑦ | ②⑤⑧ | ②⑤⑦ | ②⑤⑧ | ③⑤⑦ | ③⑤⑦ |
| 压头 | ① | ② | ③ | ③ | ③ | ② | ② |
| 效率 | ① | ② | ③ | ③ | ③ | ④ | ④ |
| 流量调节 | ①② | ③ | ②③④ | ④ | ②③ | ③ | ③ |

| 项目 | 离心式 | | 正位移式 | | | | |
|---|---|---|---|---|---|---|---|
| | | | 往复式 | | | 旋转式 | |
| | 离心泵 | 旋涡泵 | 往复泵 | 计量泵 | 隔膜泵 | 齿轮泵 | 螺杆泵 |
| 自吸作用 | ② | ② | ① | ① | ① | ① | ① |
| 启动 | ① | ② | ② | ② | ② | ② | ② |
| 流体 | ① | ② | ⑦ | ③ | ④⑥ | ⑤ | ④⑤ |
| 结构造价 | ①② | ①③ | ⑤⑥⑦ | ⑤⑥ | ⑤⑥ | ③④ | ③④ |

注：流量：①均匀；②不均匀；③尚可；④随管路特性而变；⑤恒定；⑥范围广、易达大流量；⑦小流量；⑧较小流量。

压头高低：①不易达到高压头；②压头较高；③压头高。

效率：①稍低、越偏离额定越小；②低；③高；④较高。

流量调节：①出口阀；②转速；③旁路；④冲程。

自吸操作：①有；②没有。

启动：①关闭出口阀；②出口阀全开。

被输送流体：①各种物料(高黏度除外)；②不含固体颗粒，腐蚀性也可；③精确计量；④可输送悬浮液；⑤高黏度液体；⑥腐蚀性液体；⑦不能输送腐蚀性或含固体颗粒的液体。

结构与造价：①结构简单；②造价低谦；③结构紧凑；④加工要求高；⑤结构复杂；⑥造价高；⑦体积大。

### 3.1.3　气体输送机械

气体输送机械与液体输送机械大体相同，但气体具有压缩性，在输送过程中，当压力发生变化时其体积和温度也将随之发生变化。气体压力变化程度，常用压缩比来表示。压缩比为气体排出与吸入压力的比值。各种化工生产过程对气体压缩比的要求很不一致。气体输送机械可按其终压(出口压力)或压缩比大小分为四类：

通风机：终压不大于 1500mmH$_2$O（表压），压缩比为 1~1.15；

鼓风机：终压为 0.15~3kgf/cm$^2$（表压），压缩比小于 4；

压缩机：终压为 3kgf/cm$^2$（表压）以上，压缩比大于 4；

真空泵：使设备产生真空，出口压力为 1kgf/cm$^2$，（表压），其压缩比由真空度决定。

#### 3.1.3.1　离心式通风机

（1）结构和工作原理

离心式通风机结构、工作原理和离心泵一样，在蜗壳形泵体内装一高速旋转的叶轮。借叶轮旋转所产生的离心力，使气体压头增大而排出(图 3-10)。

（2）离心式通风机的性能参数

与离心泵类似，离心通风机性能参数之间的关系也是用实验方法测定，并用特性曲线或性能数据表的形式表示。

① 风量　单位时间内从风机出口排出的气体体积，以风机进口处气体的状态计，以 $Q$ 表示，单位为 m$^3$/h 或 m$^3$/s。

② 风压　单位体积的气体流过风机时所获得的能量，以 $p_t$ 表示，单位为 J/m$^3$ = N/m$^2$。

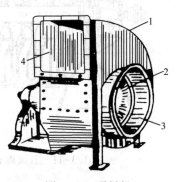

图 3-10　通风机

1—机壳；2—叶轮；

3—吸入口；4—排出口

23

③ 轴功率及功率　离心通风机的轴功率可仿照离心泵的计算式。

离心式通风机的操作性能亦可用特性曲线表示。通风机的风压有全风压和静风压之分，所以通风机的特性曲线较离心泵多一根曲线，在一定转速下，有风量 $Q$ 与全风压 $p_t$、静风压 $p_{st}$、轴功率 $N$、效率 $\eta$ 四条关系曲线。曲线所反映的特性与离心泵基本一致，效率也有最高点。需要说明的是，通风机的特性曲线是在20℃及760mmHg条件下用空气测定的，在此条件下空气的密度为 $1.2kg/m^3$。

#### 3.1.3.2　离心鼓风机与压缩机

离心鼓风机与压缩机又称透平鼓风机和压缩机，其结构类似于多级离心泵，每级叶轮之间都有导轮，工作原理和离心通风机相同。离心压缩机的段与段之间设置冷却器，以免气体温度过高。离心鼓风机与离心压缩机的规格、性能及用途详见有关产品目录或手册。

离心式压缩机生产能力大，供气均匀，连续运行安全可靠，维修方便，因而广被采用（图3-11）。

#### 3.1.3.3　往复压缩机

（1）往复压缩机的基本结构和工作原理

往复压缩机的基本结构和工作原理与往复泵相近。但是，由于往复压缩机处理的气体密度小、可压缩性，压缩后气体的体积变小、温度升高，因而又具有特殊性：

① 往复压缩机的吸气活门和排气活门必须灵巧精制。

② 为移除压缩放出的热量以降低气体的温度，还应附设冷却装置。

③ 汽缸余隙要小。

④ 往复压缩机实际的工作过程也比往复泵的更加复杂。

（2）往复压缩机的工作过程

有余隙存在地气体实际循环过程是由吸气过程、压缩、排气和膨胀四个阶段所组成。在一个实际压缩循环中，活塞一次扫过的体积为 $(V_1-V_3)$，但是吸入的气体体积只是 $(V_1-V_4)$。余隙的存在减少了每一压缩循环的实际吸气量，同时还增加了动力消耗。因此，应尽量减少压缩机的余隙（图3-12）。

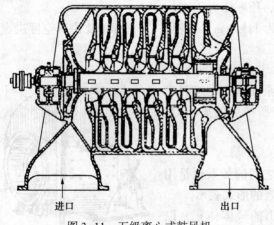

图3-11　五级离心式鼓风机

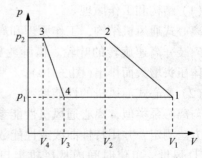

图3-12　实际压缩循环 $p$-$V$ 图

（3）往复压缩机的主要性能参数

① 排气量　往复压缩机的排气量又称压缩机的生产能力，它是指压缩机单位时间排出的气体体积，其值以入口状态计算。

② 轴功率和效率　以绝热压缩过程为例，压缩机的理论功率为

$$N_a = p_1 V_{min} \frac{k}{k-1} \left[ \left( \frac{p_2}{p_1} \right)^{\frac{k-1}{k}} - 1 \right] \times \frac{1}{60 \times 1000}$$

式中　$N_a$——按绝热压缩考虑的压缩机的理论功率，kW。

实际所需的轴功率比理论功率要大，即

$$N = N_a / \eta_a$$

式中　$N$——压缩机的轴功率，kW；

$\eta_a$——绝热总效率，一般取 $\eta_a = 0.7 \sim 0.9$，设计完善的压缩机，$\eta_a \geqslant 0.8$。

绝热总效率考虑了压缩机泄漏、流动阻力、运动部件的摩擦所消耗的功率。

（4）多级压缩

多级压缩是指在一个汽缸里压缩了一次的气体进入中间冷却器冷却之后再送入次一汽缸进行压缩，经几次压缩才达到所需要的终压（图 3-13）。

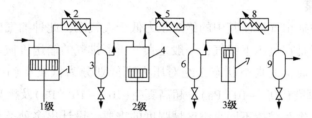

图 3-13　三级压缩示意图

1，4，7—气缸；2，5—中间冷却器；3，6，9—油水分离器；8—出口气体冷却器

① 采用多级压缩的原因：若所需要的压缩比很大，容积系数就很小，实际送气量就会很小；压缩终了气体温度过高，会引起汽缸内润滑油碳化或油雾爆炸等问题；机械结构亦不合理，为了承受很高的终压，汽缸要做的很厚，为了吸入初压很低的气体汽缸体积又必须很大。

② 级数越多，总压缩功越接近于等温压缩功，即最小值。然而，级数越多，整体构造使越复杂。因此，常用的级数为 2~6，每级压缩比为 3~5。

③ 理论上可以证明，在级数相同时，各级压缩比相等，则总压缩功最小。

当生产过程的压缩比大于 8 时，工业上大都采用多级压缩。

根据理论计算可知，当每级的压缩比相等时，多级压缩所消耗的总理论功为最小。当总压缩比为 $p_2/p_1$ 时，每级的压缩比为

$$x = \left( \frac{p_2}{p_1} \right)^{\frac{1}{i}}$$

式中　$i$——压缩的级数。

（5）往复压缩机的类型与选型

**往复压缩机的类型：** 往复压缩机有多种分类方法，按照所处理的气体种类可分为空气压缩机、氨气压缩机、氢气压缩机、石油气压缩机、氧气压缩机等；按吸气和排气方式可分为单动与双动式压缩机；按压缩机产生的终压分为低压（$9.81 \times 10^5$ Pa 以下）、中压（$9.81 \times 10^5 \sim 9.81 \times 10^6$ Pa）和高压（$9.81 \times 10^6$ Pa 以上）压缩机；按排气量大小分为小型（$10 m^3/min$ 以下）、

中型（10~30m³/min）和大型（30m³/min 以上）压缩机；按汽缸放置方式或结构型式分为立式（垂直放置）、卧式（水平放置）、角式（几个汽缸互相配置成 L 型、V 型和 W 型）压缩机。

**压缩机的选型**：选用压缩机时，首先应根据所输送气体的性质，确定压缩机的种类；然后，根据生产任务及厂房具体条件，选择压缩机的结构型式；最后，根据排气量和排气压力（或压缩比），从压缩机样本或产品目录中选取适宜的型号。

（6）往复压缩机的安装与运转

① 安装　往复压缩机的排气量是间歇的、不均匀的。为此排出的气体要先经过缓冲罐再进入输气管路，作用有两个：使气体输送流量均匀；使气体中夹带的油沫得到沉降、分离。

② 运转　往复压缩机运转时，注意各部分的润滑与冷却；运行时不允许关闭出口阀门。

### 3.1.3.4　回转鼓风机、压缩机

回转鼓风机、压缩机与回转泵相似。常见的回转式气体压缩机械有罗茨鼓风机、叶氏鼓风机、液环压缩机、滑片压缩机、滚动活塞压缩机、螺杆压缩机等多种形式。

### 3.1.3.5　真空泵

从设备或系统中抽出气体使其中的绝对压力低于大气压，此种抽气机械称为真空泵。从原则上讲，真空泵就是在负压下吸气，一般是大气压下排气的输送机械。

在真空技术中，通常把真空状态按绝对压力高低划分为低真空（$10^5 \sim 10^3$Pa）、中真空（$10^3 \sim 10^{-1}$Pa）、高真空（$10^{-1} \sim 10^{-6}$Pa）、超高真空（$10^{-6} \sim 10^{-10}$Pa）及极高真空（$<10^{-10}$Pa）五个真空区域。为了产生和维持不同真空区域强度的需要，设计出多种类型的真空泵。

化工中用来产生低、中真空的真空泵有往复真空泵、旋转真空泵（包括液环式、旋片式真空泵）和喷射真空泵等。

（1）往复真空泵

往复真空泵的构造和工作原理与往复式压缩机基本相同。但是，由于真空泵所抽吸气体的压力很小，且其压缩比又很高（通常大于 20），因而真空泵吸入和排出阀门必须更加轻巧灵活、余隙容积必须更小。为了减小余隙的不利影响，真空泵汽缸设有连通活塞左右两侧的平衡气道。若气体具有腐蚀性，可采用隔膜真空泵。

（2）旋转真空泵

① 液环真空泵　用液体工作介质的粗抽泵称作液环泵。其中，同水作工作介质的叫水环真空泵，其他还可用油、硫酸及醋酸等作工作介质。工业上水循环泵应用居多。

水环真空泵的外壳内偏心地装有叶轮，叶轮上有辐射状叶片，泵壳内约充有一半容积的水。当叶轮旋转时，形成水环。水环有液封作用，使叶片间空隙形成大小不等的密封小室。当小室的容积增大时，气体通过吸入口被吸入；当小室变小时，气体由压出口排出。水环真空泵运转时，要不断补充水以维持泵内液封。水环真空泵属湿式真空泵，吸气中可允许夹带少量液体。

水环真空泵可产生的最大真空度为 83kPa 左右。当被抽吸的气体不宜与水接触时，泵内可充以其他液体。

② 旋片真空泵　旋片泵是获得低中真空的主要泵种之一。它可分为油封泵和干式泵。根据所要求的真空度，可采用单级泵（极限压力为 4Pa，通常为 50~200Pa）和双级泵［极限压力为（6~1）×$10^{-2}$Pa］，其中以双级泵应用更为普遍。

# 3.2 换热设备

## 3.2.1 概述

### 3.2.1.1 传热在化工生产中的应用

为化学反应创造必要的条件：在化工生产过程中，几乎所有的化学反应过程都需要控制在一定的温度下进行，热量传递是维持化学反应温度必不可少的条件。

为单元操作趁早必要的条件：蒸馏、蒸发、干燥和结晶等，都有一定的温度要求，也需要有热能的输入或输出，过程才能进行。

削弱传热过程：化工设备和管道的保温都要涉及传热。

### 3.2.1.2 化工生产对传热过程的要求

强化传热过程：即对传热设备要求传热速率高，传热效果好，这样可使完成某一换热任务时所需的设备紧凑，从而降低设备费用。

削弱传热过程：如高温设备及管道的保温，低温设备及管道的隔热等，则要求传热速率越低越好，以减少热损失。

### 3.2.1.3 传热的基本方式

根据传热机理不同，传热的基本方式有三种：热传导、对流和热辐射。

① 热传导（导热） 当物体内部或两个直接接触的物体之间存在着温度差异时，物体中温度较高部分的分子因振动而与相邻的分子碰撞，并将能量的一部分传给后者，藉此，热能就从物体的温度较高部分传到温度较低部分。称这种传递热量的方式为热传导。在热传导过程中，没有物质的宏观位移。

② 对流 由于流体质点的位移和混合，将热能由一处传至另一处的传递热量的方式为对流传热。

对流传热过程中往往伴有热传导。工程中通常将流体和固体壁面之间的传热称为对流传热；若流体的运动是由于受到外力的作用（如风机、水泵或其他外界压力等）所引起，则称为强制对流；若流体的运动是由于流体内部冷、热部分的密度不同而引起的，则称为自然对流。

③ 热辐射 辐射是一种通过电磁波传递能量的过程。任何物体，只要其绝对温度大于零度，都会以电磁波的形式向外界辐射能量。其热能不依靠任何介质而以电磁波形式在空间传播，当被另一物体部分或全部接受后，又重新转变为热能。这种传递热能的方式称为辐射或热辐射。热辐射的电磁波波长范围在 $0.38 \sim 100\mu m$ 范围内，属于可见光和红外线范围。

实际上上述三种传热方式很少单独存在，而往往是同时出现的。如化工生产中广泛应用的间壁式换热器，热量从热流体经间壁（如管壁）传向冷流体的过程，是以导热和对流两种方式进行。

实际传热过程中，这三种传热方式共同或单独存在。

### 3.2.2　换热器

换热器是在不同温度的流体内传递热量的装置。在换热器中至少要有两种温度不同的流体，一种流体的温度较高，放出热量；另一种流体的温度较低，吸收热量。

换热器是化工、石油、食品及其他许多工业部门的通用设备，在生产中占有重要地位。由于生产规模、物料的性质、传热的要求等各不相同，故换热器的类型也是多种多样。

#### 3.2.2.1　换热器的分类

按用途可分为加热器、冷却器、冷凝器、蒸发器和再沸器等。

根据冷、热流体热量交换的原理和方式可分为三大类：混合式、蓄热式和间壁式。

在化工生产中，大多数情况下，冷、热两种流体在换热过程中不允许混合，故间壁式换热器在化工生产中被广泛使用。根据换热壁面的形式，间壁式换热器主要有管式、板式和翅片式三种类型。

（1）列管式换热器

① 夹套换热器

结构：夹套装在容器外部，在夹套和容器壁之间形成密闭空间，成为一种流体的通道（图3-14）。

优点：结构简单，加工方便。

缺点：传热面积 $A$ 小，传热效率低。

用途：广泛用于反应器的加热和冷却。

为了提高传热效果，可在釜内加搅拌器或蛇管和外循环。

② 沉浸式蛇管换热器

结构：蛇管一般由金属管子弯绕而制成，适应容器所需要的形状，沉浸在容器内，冷热流体在管内外进行换热（图3-15）。

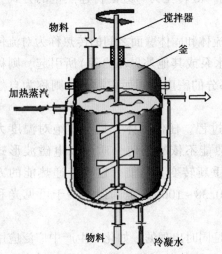

图3-14　夹套式换热器

图3-15　沉浸式蛇管换热器

优点：结构简单，便于防腐，能承受高压。

缺点：传热面积不大，蛇管外对流传热系数小，为了强化传热，容器内加搅拌。

28

③ 喷淋式换热器

结构：冷却水从最上面的管子的喷淋装置中淋下来，沿管表面流下来，被冷却的流体从最上面的管子流入，从最下面的管子流出，与外面的冷却水进行换热。在下流过程中，冷却水可收集再进行重新分配(图3-16)。

优点：结构简单、造价便宜，能耐高压，便于检修、清洗，传热效果好。

缺点：冷却水喷淋不易均匀而影响传热效果，只能安装在室外。

用途：用于冷却或冷凝管内液体。

④ 套管式换热器

结构：由不同直径组成的同心套管，可根据换热要求，将几段套管用U形管连接，目的增加传热面积；冷热流体可以逆流或并流(图3-17)。

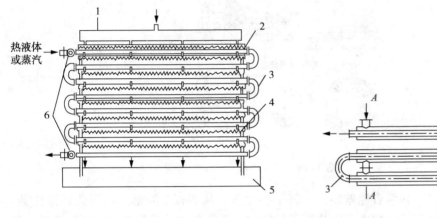
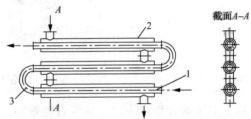

图 3-16 喷淋式换热器
1—水分配槽；2—直管；3—肘管；
4—齿形槽板；5—水池；6—汇集管

图 3-17 套管式换热器
1—内管；2—外管；
3—U形肘管

优点：结构简单，加工方便，能耐高压，传热系数较大，能保持完全逆流使平均对数温差最大，可增减管段数量应用方便。

缺点：结构不紧凑，金属消耗量大，接头多而易漏，占地较大。

用途：广泛用于超高压生产过程，可用于流量不大，所需传热面积不多的场合。

⑤ 列管式换热器(管壳式换热器)

列管式换热器又称为管壳式换热器，是最典型的间壁式换热器，历史悠久，占据主导作用。主要由壳体、管束、管板、折流挡板和封头等组成。一种流体在管内流动，其行程称为管程；另一种流体在管外流动，其行程称为壳程。管束的壁面即为传热面(图3-18)。

优点：单位体积设备所能提供的传热面积大，传热效果好，结构坚固，可选用的结构材料范围宽广，操作弹性大，大型装置中普遍采用。

为提高壳程流体流速，往往在壳体内安装一定数目与管束相互垂直的折流挡板。折流挡板不仅可防止流体短路、增加流体流速，还迫使流体按规定路径多次错流通过管束，使湍动程度大为增加。

常用的折流挡板有圆缺形和圆盘形两种，前者更为常用(图3-19)。

壳体内装有管束，管束两端固定在管板上。由于冷热流体温度不同，壳体和管束受热不

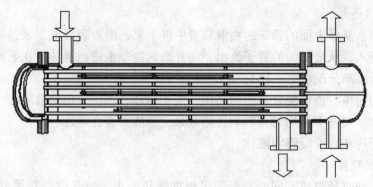

图 3-18　列管式换热器

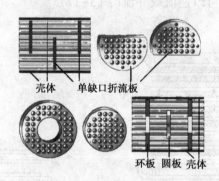

壳体　单缺口折流板

环板　圆板　壳体

图 3-19　折流挡板

同，其膨胀程度也不同，如两者温差较大，管子会扭弯，从管板上脱落，甚至毁坏换热器。所以，列管式换热器必须从结构上考虑热膨胀的影响，采取各种补偿的办法，消除或减小热应力。

　　根据所采取的温差补偿措施，列管式换热器可分为以下几个型式：

　　① 固定管板式：壳体与传热管壁温度之差大于 50℃，加补偿圈，也称膨胀节，当壳体和管束之间有温差时，依靠补偿圈的弹性变形来适应它们之间的不同的热膨胀(图 3-20)。

　　特点：结构简单，成本低，壳程检修和清洗困难，壳程必须是清洁、不易产生垢层和腐蚀的介质。

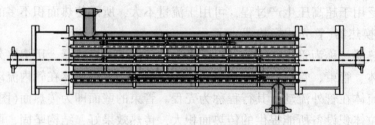

图 3-20　固定管板式换热器

　　② 浮头式：两端的管板，一端不与壳体相连，可自由沿管长方向浮动。当壳体与管束因温度不同而引起热膨胀时，管束连同浮头可在壳体内沿轴向自由伸缩，可完全消除热应力(图 3-21)。

　　特点：结构较为复杂，成本高，消除了温差应力，是应用较多的一种结构形式。

　　③ U 形管式：每根管子都弯成 U 形，两端固定在同一管板上，每根管子可自由伸缩，

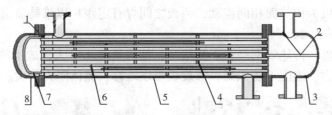

图 3-21　浮头式换热器

1—管板；2—管程隔板；3—管箱；4—折流挡板；5—壳体；6—管束；7—浮头；8—封头

来解决热补偿问题(图 3-22)。

特点：结构较简单，管程不易清洗，常为洁净流体，适用于高压气体的换热。

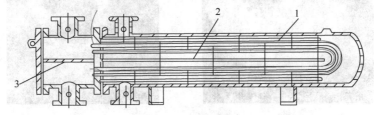

图 3-22　U 形管式换热器

1—U 形管；2—壳程隔板；3—管程隔板

（2）板式换热器

① 平板式换热器

平板式换热器早在 20 世纪 20 年代开始用于食品工业，50 年代逐渐用于化工及其相近工业部门，现已发展成为一种传热效果较好，结构紧凑的化工换热设备。主要由一组长方形的薄金属板平行排列构成，用框架夹紧组装在支架上。两相邻流体板的边缘用垫片压紧，达到密封的作用，四角有圆孔形成流体通道，冷热流体在板片的两侧流过，通过板片换热。板上可被压制成多种形状的波纹，可增加刚性；提高湍动程度；增加传热面积；易于液体的均匀分布(图 3-23)。

优点：传热效率高，总传热系数大，结构紧凑，操作灵活，安装检修方便。

缺点：耐温、耐压性较差，易渗漏，处理量小。

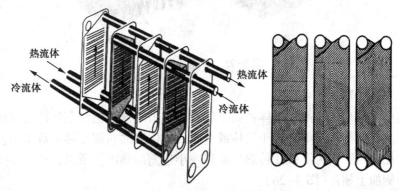

图 3-23　平板式换热器

② 螺旋板式换热器

螺旋板式换热器主要由两张平行的薄钢板卷制而成，构成一对互相隔开的螺旋形流道。

冷热两流体以螺旋板为传热面相间流动，两板之间焊有定距柱以维持流道间距，同时也可增加螺旋板的刚度(图 3-24)。

优点：结构紧凑，传热效率高，不易堵塞，结构紧凑 $A/V$ 大，成本较低。

缺点：操作压力、温度不能太高，螺旋板难以维修，流体阻力较大。

图 3-24　螺旋板式换热器

③ 板翅式换热器

板翅式换热器是一种传热效果好，更为紧凑的板式换热器。现已逐渐在石油化工、天然气液化、气体分离等部门中应用获得良好效果。

板翅式换热器的基本结构，是由于平隔板和各种形式的翅片构成板束组装而成。如图 3-25 所示。

优点：结构高度紧凑，传热效率高，允许较高的操作压力。

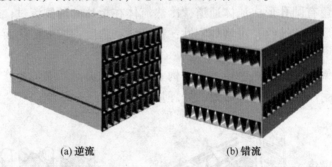

(a) 逆流　　　　　　　　　(b) 错流

图 3-25　板翅式换热器

(3) 翅片式换热器

在化工生产中常遇到一侧为气体或高黏度液体，另一侧为饱和蒸气冷凝或低黏度液体之间的传热过程。在这种情况下，由于气体或高黏度液体侧的对流传热系数很小，因而成为整个传热过程的控制因素，为了强化传热，必须减小这侧的热阻。所以，可以在换热管对流传热系数小的一侧加上翅片(图 3-26)。

由于管外翅片的存在，既增强了湍流程度，更极大地增加了管外表面的传热面积，使原来很差的空气侧传热情况大为改善。

特点：管外安装翅片，增加了传热面积，增强管外流体的湍流程度从而提高传热系数。

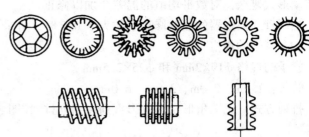

图 3-26  翅片式换热器

### 3.2.2.2  列管式换热器的型号与规格

基本参数：公称换热面积 $SN$；公称直径 $DN$；公称压力 $PN$；换热管的规格；换热管的长度 $L$；管子数 $n$；管程数 $NP$。

型号表示：如 G600Ⅱ-1.6-55，其中 G—固定管板式换热器；600—公称直径，mm；Ⅱ—管程数；1.6—公称压力，MPa；55—换热器面积，$m^2$。

### 3.2.2.3  列管式换热器的选用

（1）流体流经管程或壳程的选择原则

原则：传热效果好；结构简单；清洗方便。

① 不洁净或易结垢的液体宜在管程，因管内清洗方便；

② 腐蚀性流体宜在管程，以免管束和壳体同时受到腐蚀；

③ 压力高的流体宜在管内，以免壳体承受压力；

④ 饱和蒸气宜走壳程，饱和蒸气比较清洁，而且冷凝液容易排出；

⑤ 需要被冷却物料一般选壳程，便于散热；

⑥ 有毒流体走管程，以减小流体泄漏；

⑦ 流量小而黏度大的流体走壳程，因流体在有折流板的壳程流动时，由于流体的流向和流速不断改变，在很低的雷诺数（$Re<100$）下可达到湍流，可提高对流传热系数。

（2）流体流速的选择

流体在管程或壳程中的流速，不仅直接影响表面传热系数，而且影响污垢热阻，从而影响传热系数的大小，特别对于含有泥沙等较易沉积颗粒的流体，流速过低甚至可能导致管路堵塞，严重影响到设备的使用，但流速增大，又将使流体阻力增大。因此选择适宜的流速是十分重要的。根据经验，表 3-2 列出一些工业上常用的流速范围，以供参考。

表 3-2  列管换热器内常用的流速范围 　　　　　　　　　　　　　m/s

| 流体种类 | | 一般液体 | 易结垢液体 | 气体 |
| --- | --- | --- | --- | --- |
| 流速 | 管程 | 0.5~0.3 | >1 | 5~30 |
| | 壳程 | 0.2~1.5 | >0.5 | 3~15 |

（3）流动方式的选择

除逆流和并流之外，在列管式换热器中冷、热流体还可以作各种多管程多壳程的复杂流动。当流量一定时，管程或壳程越多，对流传热系数越大，对传热过程越有利。但是，采用多管程或多壳程必导致流体阻力损失，即输送流体的动力费用增加。因此，在决定换热器的程数时，需权衡传热和流体输送两方面的损失。当采用多管程或多壳程时，列管式换热器内的流动形式复杂，对数平均值的温差要加以修正。

当列管式换热器的温差修正系数大于 0.8 时，可采用多壳程。

（4）管子的规格

管子的规格 $\phi19\times2mm$ 和 $\phi25\times2.5mm$。

管长：1.5m、2.0m、3.0m、6.0m。

排列方式：正三角形、正方形直列和错列排列（图 3-27）。

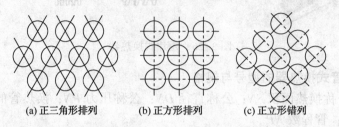

(a) 正三角形排列　　　(b) 正方形排列　　　(c) 正立形错列

图 3-27　管子的排列方式

一般 $\phi19\times2mm$ 的管子多采用正三角形排列；$\phi25\times2.5mm$ 的管子多采用正方形排列。

（5）折流挡板

安装折流挡板的目的是为提高壳程对流传热系数，为取得良好的效果，挡板的形状和间距必须适当。

折流挡板常见的有：圆缺式和圆盘式等（图 3-28）。

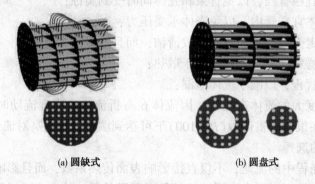

(a) 圆缺式　　　　　　　　(b) 圆盘式

图 3-28　折流挡板的形式

一般取挡板间距为壳体内径的 0.2～1.0 倍。

我国系列标准规定的挡板间距：

固定管板式：150mm、300mm 和 600mm 三种规格；

浮头式：150mm、200mm、300mm、480mm 和 600mm 五种规格。

### 3.2.2.4　高效新型换热器

在传统的间壁式换热器中，除夹套式外，其他都为管式换热器。管式的共同缺点是结构不紧凑，单位换热面积所提供的传热面小，金属消耗量大。随工业的发展，陆续出现了不少的高效紧凑的换热器并逐渐趋于完善。这些换热器基本可分为两类，一类是在管式换热器的基础上加以改进，另一类是采用各种板状换热表面。

如图 3-29 所示为几种强化传热管和板翅式换热器的翅片。

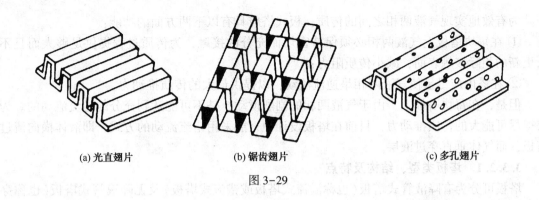

| (a) 光直翅片 | (b) 锯齿翅片 | (c) 多孔翅片 |

图 3-29

# 3.3 塔设备

## 3.3.1 概述

塔设备是一类重要的传质设备，它可使气液或液液两相密切接触，通过相际传质、传热，达到分离的目的。塔设备可用于精馏、吸收、解吸、萃取和干燥等分离操作中。塔设备的种类，从不同的角度有不同的分类。按操作压力来分，分为常压塔、减压塔和加压塔；按功能可分为精馏塔、吸收塔、解析塔、萃取塔、干燥塔等，按塔内件的结构分为板式塔和填料塔，这是最常用的分类方法。

### 3.3.1.1 塔设备的类型

板式塔：逐级接触式，内装塔板，气液传质在板上液层空间内进行，一般处理量大。

填料塔：连续接触式，内装填料，气液传质在填料润湿表面进行，一般处理量小。

### 3.3.1.2 评价塔设备性能的指标

通量大；分离效率高；操作弹性大；阻力小、压降小。

满足工业对设备的一般要求：结构简单、造价低、安装维修方便等。

## 3.3.2 板式塔

板式塔是一种应用极为广泛的气液传质设备，它由一个通常呈圆柱形的壳体及其中按一定间距水平设置的若干塔板所组成。板式塔正常工作时，液体在重力作用下自上而下通过各层塔板后由塔底排出；气体在压差推动下，经均布在塔板上的开孔由下而上穿过各层塔板后由塔顶排出，在每块塔板上皆储有一定的液体，气体穿过板上液层时，两相接触进行传质(图 3-30)。

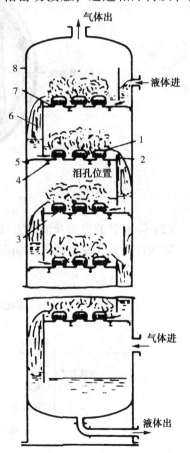

图 3-30 板式塔

1—泡罩；2—溢流堰；3—升气管；
4—加固梁；5—支承圈；
6—降液管道；7—塔板；8—塔壳

为有效地实现气液两相之间的传质，板式塔应具有以下两方面的功能：

① 在每块塔板上气液两相必须保持密切而充分的接触，为传质过程提供足够大而且不断更新的相际接触表面，减小传质阻力；

② 在塔内应尽量使气液两相呈逆流流动，以提供最大的传质推动力。

但是，在每块塔板上，由于气液两相的剧烈搅动，是不可能达到充分的逆流流动的。为获得尽可能大的传质推动力，目前在塔板设计中只能采用错流流动的方式，即液体横向流过塔板，而气体垂直穿过液层。

### 3.3.2.1 塔板类型、结构及特点

塔板可分为有降液管式塔板（也称溢流式塔板或错流式塔板）及无降液管式塔板（也称穿流式塔板或逆流式塔板）两类，在工业生产中，以有降液管式塔板应用最为广泛，在此只讨论有降液管式塔板。

（1）塔板结构

塔板结构如图 3-31 所示。

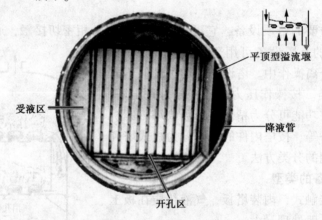

图 3-31　塔板结构

（2）降液管的类型及溢流方式

降液管升方式及溢流方式如图 3-32 所示。

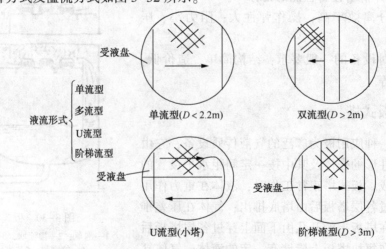

图 3-32　降液管的溢流方式

（3）塔板类型

① 泡罩型

泡罩塔板是工业上应用最早的塔板，其结构如图 3-33 所示，它主要由升气管及泡罩构成。泡罩安装在升气管的顶部，分圆形和条形两种，以前者使用较广。泡罩有 f80mm、f100mm、f150mm 三种尺寸，可根据塔径的大小选择。泡罩的下部周边开有很多齿缝，齿缝一般为三角形、矩形或梯形。泡罩在塔板上为正三角形排列。

图 3-33　泡罩塔板及泡罩结构

操作时，液体横向流过塔板，靠溢流堰保持板上有一定厚度的液层，齿缝浸没于液层之中而形成液封。升气管的顶部应高于泡罩齿缝的上沿，以防止液体从中漏下。上升气体通过齿缝进入液层时，被分散成许多细小的气泡或流股，在板上形成鼓泡层，为气液两相的传热和传质提供大量的界面。

优点：操作弹性较大，塔板不易堵塞。

缺点：结构复杂、造价高，板上液层厚，塔板压降大，生产能力及板效率较低。泡罩塔板已逐渐被筛板、浮阀塔板所取代，在新建塔设备中已很少采用。

② 筛孔型

筛孔塔板简称筛板，其结构如图 3-34 所示。塔板上开有许多均匀的小孔，孔径一般为 3~8mm。筛孔在塔板上为正三角形排列。塔板上设置溢流堰，使板上能保持一定厚度的液层。

操作时，气体经筛孔分散成小股气流，鼓泡通过液层，气液间密切接触而进行传热和传质。在正常的操作条件下，通过筛孔上升的气流，应能阻止液体经筛孔向下泄漏。

筛板的优点是结构简单、造价低，板上液面落差小，气体压降低，生产能力大，传质效率高。

缺点是操作弹性小，筛孔易堵塞，不宜处理易结焦、黏度大的物料。

应予指出，筛板塔的设计和操作精度要求较高，过去工业上应用较为谨慎。近年来，由

图 3-34　筛孔塔板（3~8mm）

于设计和控制水平的不断提高，可使筛板塔的操作非常精确，故应用日趋广泛。

③ 浮阀型

浮阀塔板的结构特点是在塔板上开有若干个阀孔，每个阀孔装有一个可上下浮动的阀片，阀片本身连有几个阀腿，插入阀孔后将阀腿底脚拨转 90°，以限制阀片升起的最大高

度，并防止阀片被气体吹走。阀片周边冲出几个略向下弯的定距片，当气速很低时，由于定距片的作用，阀片与塔板呈点接触而坐落在阀孔上，在一定程度上可防止阀片与板面的黏结。如图3-35所示。

图3-35 浮阀塔板

操作时，由阀孔上升的气流经阀片与塔板间隙沿水平方向进入液层，增加了气液接触时间，浮阀开度随气体负荷而变，在低气量时，开度较小，气体仍能以足够的气速通过缝隙，避免过多的漏液；在高气量时，阀片自动浮起，开度增大，使气速不致过大。

优点：生产能力大，开孔率大，大于泡罩20%~40%，约等于筛板塔；操作弹性大，阀片可以自由升降以适应气量的变化；塔板效率高，平吹、接触时间长、雾沫夹带少；液面落差小，液流阻力小；造价适中，约等于60%~80%泡罩、120%~130%筛板；气流阻力小，开孔大。

缺点：处理易结焦、高黏度的物料时，阀片易与塔板黏结；在操作过程中有时会发生阀片脱落或卡死等现象，使塔板效率和操作弹性下降。

浮阀阀型：F1型、V型、T型、A型。

F1型，适用普通系统；V-4型，适用减压系统；T型，适用含颗粒或易聚合的物料（图3-36）。

图3-36 各种常见的浮阀

④ 其他型（舌型、浮舌型、斜孔型等）

上述几种塔板，气体是以鼓泡或泡沫状态和液体接触，当气体垂直向上穿过液层时，使分散形成的液滴或泡沫具有一定向上的初速度。若气速过高，会造成较为严重的液沫夹带，使塔板效率下降，因而生产能力受到一定的限制。为克服这一缺点，近年来开发出喷射型塔板，大致有以下几种类型。

a. 舌型塔板 舌型塔板的结构如图3-37所示，在塔板上冲出许多舌孔，方向朝塔板液体流出口一侧张开。舌片与板面成一定的角度，有18°、20°、25°三种（一般为20°），舌片尺寸有 50mm×50mm 和 25mm×25mm 两种。舌孔按正三角形排列，塔板的液体流出口一侧不设溢流堰，只保留降液管，降液管截面积要比一般塔板设计得大些。

操作时，上升的气流沿舌片喷出，其喷出速度可达 20～30m/s。当液体流过每排舌孔时，即被喷出的气流强烈扰动而形成液沫，被斜向喷射到液层上方，喷射的液流冲至降液管上方的塔壁后流入降液管中，流到下一层塔板。

舌型塔板的优点是：生产能力大，塔板压降低，传质效率较高。缺点是：操作弹性较小，气体喷射作用易使降液管中的液体夹带气泡流到下层塔板，从而降低塔板效率。

b. 浮舌塔板　如图 3-38 所示，与舌型塔板相比，浮舌塔板的结构特点是其舌片可上下浮动。因此，浮舌塔板兼有浮阀塔板和固定舌型塔板的特点，具有处理能力大、压降低、操作弹性大等优点，特别适宜于热敏性物系的减压分离过程。

c. 斜孔塔板　斜孔塔板的结构如图 3-39 所示。在板上开有斜孔，孔口向上与板面成一定角度。斜孔的开口方向与液流方向垂直，同一排孔的孔口方向一致，相邻两排开孔方向相反，使相邻两排孔的气体向相反的方向喷出。这样，气流不会对喷，既可得到水平方向较大的气速，又阻止了液沫夹带，使板面上液层低而均匀，气体和液体不断分散和聚集，其表面不断更新，气液接触良好，传质效率提高。

斜孔塔板克服了筛孔塔板、浮阀塔板和舌型塔板的某些缺点。斜孔塔板的生产能力比浮阀塔板大 30% 左右，效率与之相当，且结构简单，加工制造方便，是一种性能优良的塔板。

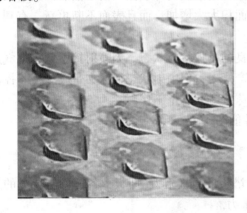

图 3-37　舌形塔板

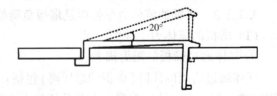

图 3-38　浮舌塔板

图 3-39　斜孔塔板

### 3.3.2.2 筛板上的气液接触状态

塔板上气液两相的接触状态是决定板上两相流流体力学及传质和传热规律的重要因素。当液体流量一定时，随着气速的增加，可以出现四种不同的接触状态。

(1) 鼓泡接触状态

当气速较低时，气体以鼓泡形式通过液层。由于气泡的数量不多，形成的气液混合物基本上以液体为主，气液两相接触的表面积不大，传质效率很低。

(2) 蜂窝状接触状态

随着气速的增加，气泡的数量不断增加。当气泡的形成速度大于气泡的浮升速度时，气泡在液层中累积。气泡之间相互碰撞，形成各种多面体的大气泡，板上为以气体为主的气液混合物。由于气泡不易破裂，表面得不到更新，所以此种状态不利于传热和传质。

(3) 泡沫接触状态

当气速继续增加，气泡数量急剧增加，气泡不断发生碰撞和破裂，此时板上液体大部分以液膜的形式存在于气泡之间，形成一些直径较小，扰动十分剧烈的动态泡沫，在板上只能看到较薄的一层液体。由于泡沫接触状态的表面积大，并不断更新，为两相传热与传质提供了良好的条件，是一种较好的接触状态。

(4) 喷射接触状态

当气速继续增加，由于气体动能很大，把板上的液体向上喷成大小不等的液滴，直径较大的液滴受重力作用又落回到板上，直径较小的液滴被气体带走，形成液沫夹带。此时塔板上的气体为连续相，液体为分散相，两相传质的面积是液滴的外表面。由于液滴回到塔板上又被分散，这种液滴的反复形成和聚集，使传质面积大大增加，而且表面不断更新，有利于传质与传热进行，也是一种较好的接触状态。

如上所述，泡沫接触状态和喷射状态均是优良的塔板接触状态。因喷射接触状态的气速高于泡沫接触状态，故喷射接触状态有较大的生产能力，但喷射状态液沫夹带较多，若控制不好，会破坏传质过程，所以多数塔均控制在泡沫接触状态下工作。

### 3.3.2.3 塔板的流体力学性能及塔板负荷性能图

(1) 塔板的流体力学性能

① 气体通过筛板的阻力损失

气体通过塔板的压降(塔板的总压降)包括：塔板的干板阻力(即板上各部件所造成的局部阻力)、板上充气液层的静压力及液体的表面张力。

塔板压降是影响板式塔操作特性的重要因素：塔板压降增大，一方面塔板上气液两相的接触时间随之延长，板效率升高，完成同样的分离任务所需实际塔板数减少，设备费降低；另一方面，塔釜温度随之升高，能耗增加，操作费增大，若分离热敏性物系时易造成物料的分解或结焦。

因此，进行塔板设计时，应综合考虑，在保证较高效率的前提下，力求减小塔板压降，以降低能耗和改善塔的操作。

一般，常压塔：单板压降 $40 \sim 65 mmH_2O$；减压塔：单板压降 $10 \sim 35 mmH_2O$。

② 板式塔的不正常操作现象

筛板塔内气体两相的非理想流动包括漏液、液泛和液沫夹带等，是使塔板效率降低甚至使操作无法进行的重要因素，因此，应尽量避免这些异常操作现象的出现。

a. 漏液　在正常操作的塔板上，液体横向流过塔板，然后经降液管流下。当气体通过塔板的速度较小时，气体通过升气孔道的动压不足以阻止板上液体经孔道流下时，便会出现漏液现象。漏液的发生导致气液两相在塔板上的接触时间减少，塔板效率下降，严重时会使塔板不能积液而无法正常操作。

通常，为保证塔的正常操作，漏液量应不大于液体流量的10%。漏液量达到10%的气体速度称为漏液速度，它是板式塔操作气速的下限。

造成漏液的主要原因是气速太小和板面上液面落差所引起的气流分布不均匀。在塔板液体入口处，液层较厚，往往出现漏液，为此常在塔板液体入口处留出一条不开孔的区域，称为安定区。

b. 液沫夹带　上升气流穿过塔板上液层时，必然将部分液体分散成微小液滴，气体夹带着这些液滴在板间的空间上升，如液滴来不及沉降分离，则将随气体进入上层塔板，这种现象称为液沫夹带。

液滴的生成虽然可增大气液两相的接触面积，有利于传质和传热，但过量的液沫夹带常造成液相在塔板间的返混，进而导致板效率严重下降。

为维持正常操作，需将液沫夹带限制在一定范围，一般允许的液沫夹带量为小于0.1kg(液)/kg(气)。

影响液沫夹带量的因素很多，最主要的是空塔气速和塔板间距。空塔气速减小及塔板间距增大，可使液沫夹带量减小。

c. 液泛　塔板正常操作时，在板上维持一定厚度的液层，以和气体进行接触传质。如果由于某种原因，导致液体充满塔板之间的空间，使塔的正常操作受到破坏，这种现象称为液泛。

当塔板上液体流量很大，上升气体的速度很高时，液体被气体夹带到上一层塔板上的量剧增，使塔板间充满气液混合物，最终使整个塔内都充满液体，这种由于液沫夹带量过大引起的液泛称为夹带液泛。

当降液管内液体不能顺利向下流动时，管内液体必然积累，致使管内液位增高而越过溢流堰顶部，两板间液体相连，塔板产生积液，并依次上升，最终导致塔内充满液体，这种由于降液管内充满液体而引起的液泛称为降液管液泛。

液泛的形成与气液两相的流量相关。对一定的液体流量，气速过大会形成液泛；反之，对一定的气体流量，液量过大也可能发生液泛。液泛时的气速称为泛点气速，正常操作气速应控制在泛点气速之下。

影响液泛的因素除气液流量外，还与塔板的结构，特别是塔板间距等参数有关，设计中采用较大的板间距，可提高泛点气速。

（2）塔板的负荷性能图(图3-40)

① 负荷性能图

线1为液流量下限线，液量小于该下限，板上液体流动严重不均匀而导致板效率急剧下降。

线2为液流量上限线，若液量超过此上限，液体在降液管内停留时间过短，液流中的气泡夹带现象大量发生，以致出现溢流液泛。

线3为漏液线，若气液负荷位于线3下方，表明

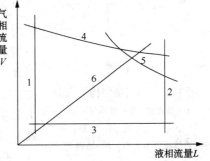

图3-40　塔板的负荷性能图
1—液体流量下限线；2—液体流量下限线；
3—漏液线；4—过量液沫夹带线；
5—溢流液泛线；6—操作线

41

漏液已使塔板效率大幅度下降。

线4为过量液沫夹带线，气液负荷位于该线上方，表示液沫夹带过量，已不宜采用。

线5为溢流液泛线，若气液负荷位于5上方，塔内将出现溢流液泛。

线6为操作线。

上述各线所包围的区域为塔板正常操作范围。在此范围内，气液两相流量的变化对板效率影响不大。塔板的设计点和操作点都必须位于上述范围内，方能获得合理的板效率。

② 操作弹性

上、下限操作极限的气体流量之比称为塔板的操作弹性，操作弹性越大的塔越好。

注意：板型不同，负荷性能图中所包括的极限线也有所不同。

同一板型但设计不同，线的相对位置也会不同。例如板间距 $H_T$ 减小，则气速较小时也会产生液泛及液沫夹带，线1和线3将下移，而线5将左移，塔的正常操作范围减小；若降液管面积 $A_f$ 减小，线1和线3将上移，线5左移可能与线1相交，而将液泛线3划到正常操作范围之外，这表明该塔在发生液泛之前，液体流量已经受到降液管的最大液相负荷所限制。

### 3.3.3 填料塔

#### 3.3.3.1 填料塔的结构及其结构特性

（1）填料塔的结构

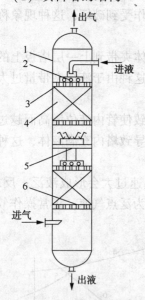

图 3-41　填料塔结构示意图
1—塔壳体；2—液体分布器；
3—填料压板；4—填料；
5—液体再分布装置；6—填料支承板

如图 3-41 所示为填料塔的结构示意图，填料塔是以塔内的填料作为气液两相间接触构件的传质设备。填料塔的塔身是一直立式圆筒，底部装有填料支承板，填料以乱堆或整砌的方式放置在支承板上。填料的上方安装填料压板，以防被上升气流吹动。液体从塔顶经液体分布器喷淋到填料上，并沿填料表面流下。气体从塔底送入，经气体分布装置（小直径塔一般不设气体分布装置）分布后，与液体呈逆流连续通过填料层的空隙，在填料表面上，气液两相密切接触进行传质。填料塔属于连续接触式气液传质设备，两相组成沿塔高连续变化，在正常操作状态下，气相为连续相，液相为分散相。

当液体沿填料层向下流动时，有逐渐向塔壁集中的趋势，使得塔壁附近的液流量逐渐增大，这种现象称为壁流。壁流效应造成气液两相在填料层中分布不均，从而使传质效率下降。因此，当填料层较高时，需要进行分段，中间设置再分布装置。液体再分布装置包括液体收集器和液体再分布器两部分，上层填料流下的液体经液体收集器收集后，送到液体再分布器，经重新分布后喷淋到下层填料上。

（2）填料塔的特点

填料塔优点：生产能力大；分离效率高；压力降小；操作弹性大；持液量小。

填料塔缺点：填料造价高；当液体负荷较小时不能有效地润湿填料表面，使传质效率降低；不能直接用于有悬浮物或容易聚合的物料；对侧线进料和出料等复杂精馏不太适合等。

### 3.3.3.2 填料

（1）常见填料类型

填料一般分为实体填料和网体填料。实体填料包括环形填料、鞍形填料以及栅板、波纹板填料；网体填料包括金属丝制成的各种填料（图3-42）。

图3-42 常见的填料类型

拉西环：外径与高度相等的圆环。结构简单，研究充分，沟流、壁流严重、滞留液量大、气流阻力大。

鲍尔环：在拉西环的侧壁上开出方孔。结构复杂，效率高、阻力小。

阶梯环：高度为直径的一半，环的一端制成喇叭口。结构复杂，效率高、阻力小、气量大。

弧鞍与矩鞍：弧鞍，易套叠，强度较差；矩鞍，不套叠、阻力小。

金属环矩鞍环：综合了环形填料和鞍形填料的优点，性能优于鲍尔环和矩鞍填料。

波纹填料：波纹45°，反向靠叠，高40~60mm，直径略小于塔径。结构紧凑，比表面积大，传质效率高，流动阻力小。不适于处理黏度大、易聚合或有沉淀物的物料；填料的装卸、清理较困难，造价高。

波纹板可分陶瓷、塑料、金属材料。如下：

$$波纹网材料\begin{cases} 金属丝，适用于精密精馏及真空精馏装置 \\ 陶瓷，阻力大，耐高温，耐腐 \\ 不锈钢，成本高 \\ 金属，造价低，强度高，适用于大直径蒸馏塔 \\ 碳钢，不耐腐 \\ 塑料，润湿性差，不耐高温 \end{cases}$$

（2）填料填装

为了防止壁流效应，应将填料层分段。

散装填料的分段见表3-3。

**表3-3　散装填料分段高度推荐值**

| 填料类型 | $h/D$ | $h_{max}$ |
|---|---|---|
| 拉西环 | 2.5 | ≤4m |
| 矩鞍 | 5~8 | ≤6m |
| 鲍尔环 | 5~10 | ≤6m |
| 阶梯环 | 8~15 | ≤6m |
| 环矩鞍 | 8~15 | ≤6m |

注：$h/D$ 为分段等度与塔径之比；$h_{max}$ 为允许的最大填料层高度。

规整填料的分段见表3-4。

**表3-4　规整填料分段高度推荐值**

| 填料类型 | 分段高度/m | 填料类型 | 分段高度/m |
|---|---|---|---|
| 250Y 板波纹填料 | 6.0 | 500（BX）丝网波纹填料 | 3.0 |
| 500Y 板波纹填料 | 5.0 | 700（CY）丝网波纹填料 | 1.5 |

### 3.3.3.3　填料塔的流体力学性能

填料塔的流体力学性能主要包括填料层的持液量、填料层的压降、液泛、填料表面的润湿等。

（1）料层的持液量

填料层的持液量是指在一定操作条件下，在单位体积填料层内所积存的液体体积，以（m³液体）/（m³填料）表示。

持液量可分为静持液量 $H_s$、动持液量 $H_o$ 和总持液量 $H_t$。

静持液量是指当填料被充分润湿后，停止气液两相进料，并经排液至无滴液流出时存留于填料层中的液体量，其取决于填料和流体的特性，与气液负荷无关。

动持液量是指填料塔停止气液两相进料时流出的液体量，它与填料、液体特性及气液负荷有关。

总持液量是指在一定操作条件下存留于填料层中的液体总量。

显然，总持液量为静持液量和动持液量之和，即

$$H_t = H_o + H_s$$

填料层的持液量可由实验测出，也可由经验公式计算。

一般来说，适当的持液量对填料塔操作的稳定性和传质是有益的，但持液量过大，将减少填料层的空隙和气相流通截面，使压降增大，处理能力下降。

（2）填料层的压降

在逆流操作的填料塔中，从塔顶喷淋下来的液体，依靠重力在填料表面成膜状向下流动，上升气体与下降液膜的摩擦阻力形成了填料层的压降。填料层压降与液体喷淋量及气速有关，在一定的气速下，液体喷淋量越大，压降越大；在一定的液体喷淋量下，气速越大，压降也越大。

### 3.3.3.4 填料塔的附属结构

（1）支承板

支承板的主要用途是支承板内的填料，同时又能保证气液两相顺利通过。

支承板若设计不当，填料塔的液泛可能首先在支承板上发生。对于普通填料，支承板的自由截面积应不低于全塔面积的 50%，并且要大于填料层的自由截面积。

常用的支承板有栅板和各种具有升气管结构的支承板。

（2）液体分布器

液体分布器对填料塔的性能影响极大。分布器设计不当，液体预分布不均，填料层内的有效润湿面积减少而偏流现象和沟流现象增加，即使填料性能再好也很难得到满意的分离效果。

据前所述，填料塔内产生向壁偏流是因为液体触及塔壁之后，其流动不再具有随机性而沿壁流下。既然如此，直径越大的填料塔，塔壁所占的比例越小，向壁偏流现象应该越小才是。然而，长期以来填料塔确实由于偏流现象而无法放大。现已基本搞清，除填料本身性能方面的原因外，液体初始分布不均，特别是单位塔截面上的喷淋点数太少，是产生上述状况的重要因素。

多孔管式分布器能适应较大的遗体流量波动，对安装水平度要求不高，对气体的阻力也很小。但是，由于管壁上的小孔容易堵塞，被分散的液体必须是洁净的。

槽式分布器多用于直径较大的填料塔。这种分布器不易堵塞，对气体的阻力小，但对安装水平要求较高，特别是当液体负荷较小时。

孔板型分布器对液体的分布情况与槽式分布器差不多，但对气体阻力较大，只适用于气体负荷不太大的场合。

除以上介绍的几种分布器外，各种喷洒式分布器也是比较常用的（如莲蓬头），特别是在小型填料塔内。这种分布器的缺点是，当气量较大时会产生较多的液沫夹带。

（3）液体再分布器

为改善向壁偏流效应造成的液体分布不均，可在填料层内部每隔一定高度设置一液体分布器。每段填料层的高度因填料种类而异，偏流效应越严重的填料，每段高度越小。通常，对于偏流现象严重的拉西环，每段高度约为塔径的 2~3 倍。

常用的液体再分布器为截锥形。如考虑分段卸出填料，再分布器之上可另设之承板。

（4）除沫器

除沫器是用来除去填料层顶部逸出的气体中的液滴，安装在液体分布器上方。当塔内气速不大，工艺过程由无严格要求时，一般可不设除沫器。

除沫器种类很多，常见的有折板除沫器、丝网除沫器、旋流板除沫器。折板除沫器阻力较小（50~100Pa），只能除去 50μm 的微小液滴，压降不大于 250Pa，但造价较高。旋流板除沫器压降为 300Pa 以下，其造价比丝网除沫器便宜，除沫效果比折板好。

## 3.3.4 填料塔与板式塔的比较

对于许多逆流气液接触过程，填料塔和板式塔都是可以适用的，设计者必须根据具体情况进行选用。填料塔和板式塔有许多不同点，了解这些不同点对于合理选用塔设备是有帮助的。

① 填料塔操作范围较小，特别是对于液体负荷变化更为敏感。当液体负荷较小时，填

料表面不能很好地润湿，传质就效果急剧下降；当液体负荷过大时，则容易产生液泛。设计良好的板式塔，则具有大得多的操作范围。

② 填料塔不宜于处理易聚合或含有固体悬浮物的物料，而某些类型的板式塔(如大孔径筛板、泡罩塔等)则可以有效地处理这种物质。另外，板式塔的清洗亦比填料塔方便。

③ 当气液接触过程中需要冷却以移除反应热或溶解热时，填料塔因涉及液体均不同题而使结构复杂化。板式塔可方便地在塔板上安装冷却盘管。同理，当有侧线出料时，填料塔也不如板式塔方便。

④ 以前乱堆填料塔直径很少大于 0.5m，后来又认为不宜超过 1.5m，根据近 10 年来填料塔的发展状况，这一限制似乎不再成立。板式塔直径一般不小于 0.6m。

⑤ 关于板式塔的设计资料更容易得到而且更为可靠，因此板式塔的设计比较准确，安全系数可取得更小。

⑥ 当塔径不很大时，填料塔因结构简单而造价便宜。

⑦ 对于易起泡物系，填料塔更适合，因填料对泡沫有限制和破碎的作用。

⑧ 对于腐蚀性物系，填料塔更适合，因可采用瓷质填料。

⑨ 对热敏性物系宜采用填料塔，因为填料塔内的滞液量比板式塔少，物料在塔内的停留时间短。

⑩ 塔的压降比板式塔小，因而对真空操作更为适宜。

# 4 原油蒸馏及催化裂化工艺流程

## 4.1 石油及其产品简介

### 4.1.1 石油的性质

天然石油亦称原油，通常为流动或半流动的黏稠液体。从颜色上看，石油绝大多数是黑色的，但也有暗黑、暗绿、暗褐色的，更有一些石油呈赤褐、浅黄色。绝大多数石油的相对密度都小于1，一般介于0.8~0.98之间，但也有个别例外。表4-1列举了我国一部分油田原油的性质。可以看出，我国主要油田原油的共同特点是密度较大，含蜡量高，轻馏分较少。

表4-1 我国部分油田原油的某些性质

| 原油产地 | | 大庆 | 胜利 | 辽河 | 华北 | 克拉玛依 |
|---|---|---|---|---|---|---|
| 属性 | | 低硫、石蜡基 | 含硫、中间基 | 低硫、环烷-中间基 | 低硫、石蜡基 | 低硫、石蜡-中间基 |
| 相对密度 $d_4^{20}$ | | 0.8554 | 0.9005 | 0.9042 | 0.8837 | 0.8538 |
| 运动黏度 50℃/(mm²/s) | | 20.19 | 83.36 | 37.26 | 57.1 | 18.80 |
| 凝点/℃ | | 30 | 28 | 21(倾点) | 36 | 12 |
| 200℃馏出量 | %(质量) | 11.5 | 7.6 | 9.4 | 6.1 | 15.4 |
| | %(体积) | 13.4 | 9.0 | 11.2 | 7.2 | 17.7 |
| 350℃馏出量 | %(质量) | 31.2 | 25.1 | 30.9 | 26.0 | 41.4 |
| | %(体积) | 34.0 | 28.0 | 34.3 | 28.9 | 44.6 |
| >500℃馏出量 | %(质量) | 42.8 | 47.4 | 39.9 | 39.1 | 29.7 |
| | %(体积) | 40.1 | 44.0 | 36.2 | 35.6 | 27.1 |
| 蜡含量/%(质量) | | 26.2 | 14.6 | 9.9 | 22.8 | 7.2 |
| 硅胶胶质/%(质量) | | 8.9 | 19.0 | 13.7 | 23.2 | 10.6 |
| 残炭/%(质量) | | 2.9 | 6.4 | 4.8 | 6.7 | 2.6 |

原油是一种极为复杂的混合物，其外观性质上的差异是其化学组成不同的一种反映。不同油田生产的原油，因组成不同，往往具有不同的性质；即使同一油田，由于采油层位不同，原油性质也可能出现差异，但石油的碳、氢元素组成变化却在很窄的范围内。其中碳的含量为83%~87%，氢含量为11%~14%，总计为95%~99%。除了碳、氢外，硫、氮、氧及一些微量元素在原油中的含量只有1%~5%，但是这些元素都是以碳氢化合物的衍生物形态存在于石油中，因而含有这些元素的化合物所占的比例就要大得多。这些元素的存在，对于石油的性质和加工过程有很大影响，必须充分予以重视。

表 4-2 为我国某些原油中非碳氢元素的含量，可以看出，我国大部分原油的硫含量都很低，而含氮量偏高。原油中的微量元素以钒（V）、镍（Ni）最为重要，因为它们对石油加工过程的危害性最大。我国原油钒含量都很低，但镍含量偏高。

表 4-2 原油中一些非碳氢元素的含量

| 原油 | 硫/%（质量） | 氮/%（质量） | 钒/ppm | 镍/ppm | 铁/ppm | 铜/ppm | 砷/ppb |
|---|---|---|---|---|---|---|---|
| 大庆 | 0.12 | 0.13 | <0.08 | 2.3 | 0.7 | 0.25 | 2800 |
| 胜利 | 0.80 | 0.41 | 1 | 26 | — | — | — |
| 孤岛 | 1.8~2.0 | 0.5 | 0.8 | 14~21 | 16 | 0.4 | — |
| 辽河 | 0.18 | 0.31 | 0.6 | 32.5 | — | — | — |
| 华北 | 0.31 | 0.38 | 0.7 | 15 | 1.8 | — | 0.220 |
| 江汉 | 1.83 | 0.30 | 0.4 | 12.0 | <1 | 0.5 | — |
| 克拉玛依 | 0.05 | 0.13 | 0.07 | 5.6 | — | — | — |

注：$1ppm = 10^{-6}$；$1ppb = 10^{-9}$。

由上述元素组成可以看出，组成石油的化合物主要是烃类。现已确定，石油中的烃类主要是烷烃（链烷烃）、环烷烃、芳香烃这三族烃类。而硫、氮、氧这些元素则以各种含硫、含氧、含氮化合物的形态以及兼含有硫、氮、氧的胶状、沥青状物质的形态存在于石油中，它们统称为非烃类。

石油中有各种不同的烃类，按其结构可分为烷烃、环烷烃、芳香烃。一般天然石油中不含有烯烃，而二次加工产物中常含有数量不等的烯烃。石油可以按烃类分子的大小、沸点的高低、相对密度的不同分割成轻重不同的馏分。其中最轻的部分是常温下为气态的天然气及油田气。液态石油可按沸点不同依次分成：<200℃的汽油馏分或称低沸点馏分，200~350℃的煤、柴油馏分或称中间馏分，350~500℃的润滑油馏分或称高沸点馏分。剩下最重的为近于黑色的残渣油。

（1）烷烃

烷烃是组成石油的基本组分之一。石油中的烷烃总含量一般约为40%~50%（体积），在某些石油中烷烃含量则达到50%~70%，然而也有一些石油的烷烃含量却只有10%~15%。我国石油的烷烃含量一般较高，随着馏分变重，烷烃含量减少。在200~300℃的中间馏分中，烷烃含量通常不超过55%~61%，当馏出温度接近500℃时，烷烃含量降到19%~5%或更低。

烷烃以气态、液态、固态三种状态存在于石油中。$C_1$~$C_4$的气态烷烃主要存在于石油气体中。$C_5$~$C_{11}$的烷烃存在于汽油馏分中，$C_{11}$~$C_{20}$的烷烃存在于煤、柴油馏分中，$C_{20}$~$C_{36}$的烷烃存在于润滑油馏分中。$C_{16}$以上的正构烷烃一般多以溶解状态存在于石油中，当温度降低时，即以固态结晶拆出，称为蜡。蜡又分为石蜡和地蜡。

石蜡主要分布在柴油和轻质润滑油馏分中，其分子量为300~500，分子中碳原子数为19~35，熔点在30~70℃。地蜡主要分布在重质润滑油馏分及渣油中，其分子量为500~700，分子中碳原子数为35~55，熔点在60~90℃。

（2）环烷烃

环烷烃是石油中第二种主要烃类，石油中所含的环烷烃主要是环戊烷和环己烷的同系物。此外在石油中还发现有各种五元环与六元环的稠环烃类，其中常常含有芳香环，称为混合环状烃。

环烷烃在石油馏分中含量不同，它们的相对含量随馏分沸点的升高而增多，只是在沸点较高的润滑油馏分中，由于芳香烃的含量增加，环烷烃则逐渐减少。

石油低沸点馏分主要含单环环烷烃，随着馏分沸点的升高，还出现了双环和三环环烷烃等。研究表明：分子中含 $C_5 \sim C_8$ 的单环环烷烃主要集中在初馏点 ~125℃ 的馏分中。石油高沸点馏分中的环烷烃包括从单环直至六元环甚至高于六元环的环烷烃，其结构以稠合型为主。

（3）芳香烃

芳香烃在石油中的含量通常比烷烃和环烷烃的含量少。这类烃在不同石油中总含量的变化范围相当大，平均为 10%~20%（质量）。

芳香烃的代表物是苯及其同系物，以及双环和多环化合物的衍生物。在石油低沸点馏分中只含有单环芳香烃，且含量较少。随着馏分沸点的升高，芳香烃含量增多，且芳香烃环数、侧链数目及侧链长度均增加。在石油高沸点馏分中甚至有四环及多于四环的芳香烃。此外在石油中还有为数不等、多至 5~6 个环的环烷烃—芳香烃混合烃，它们也主要呈稠合型。

## 4.1.2 石油产品简介

从石油中得到的产品多达上千种，大致可以分为四大类：燃料；润滑油与润滑脂；石蜡、沥青和石油焦；石油化工产品。以下对这些产品的性能和用途作简要介绍。

### 4.1.2.1 燃料

燃料的品种有汽油、喷气燃料、煤油、柴油和燃料油，主要作为发动机燃料、锅炉燃料和照明油等，用量最多，占全部石油产品的 90% 以上。

（1）汽油

主要用于汽油机（点燃式发动机）如各种小型汽车及飞机等。根据汽油机的工作条件，汽油的使用性能概括地说应该满足以下要求：

① 良好的蒸发性能；

② 燃烧性能好，不会产生爆震、早燃等现象；

③ 抗氧化性能好，在储存和输送中生成胶质的倾向小；

④ 对发动机没有腐蚀和磨损作用。

汽油的主要规格指标有以下几项：

**汽油的蒸发性**：汽油标准规定用 GB 255 方法测定馏程。一般要求测出 10%、50%、90% 馏出体积的温度和干点（温度），以保证车辆的启动、加速性能和平稳性、燃烧完全程度等。表 4-3 列出了汽油不同馏分的温度及干点。

表 4-3 汽油不同馏分的温度及干点　　　　　　　　　　　　　　　　　　　　℃

| 初馏点 | 10% | 50% | 90% | 干点 |
|---|---|---|---|---|
| 60 | 87 | 107 | 139 | 170 |
| 68 | 94 | 108 | 160 | 200 |
| 76 | 103 | 138 | 174 | 200 |
| 99 | 132 | 154 | 183 | 200 |

蒸气压是保证汽油在使用中不发生气阻的质量指标，用 GB 257 方法测定。在南方、夏

季或高原地区，规定车用汽油的蒸气压不得大于 500mmHg，防止因气温高或气压低而形成气阻，影响正常供油。规定航空汽油的蒸气压为 200~360mmHg，防止蒸气压太低不利于发动机启动。

**汽油的抗爆性**：汽油的抗爆性好，即使用于压缩比较高的发动机，也不会出现爆震现象，从而可获得较高的经济效益。车用汽油的抗爆性以辛烷值来表示，它是在标准的实验用可变压缩比单缸汽油发动机中，将待测试样与参比燃料试样进行对比实验而测得的。所用的参比燃料是异辛烷(2,2,4-三甲基戊烷)、正庚烷及其混合物。人为地规定抗爆性极好的异辛烷的辛烷值为 100，抗爆性极差的正庚烷的辛烷值为 0。两者的混合物则以其中异辛烷体积百分含量值为其辛烷值。例如，80%(体积)异辛烷和 20%(体积)正庚烷的混合物的辛烷值即为 80。车用汽油辛烷值的测定方法有两种，即马达法和研究法，所测得的辛烷值分别用 MON 及 RON 表示。航空汽油的抗爆性用辛烷值和品度两个指标表示，分别表示飞机在巡航和爬高或战斗时的汽油抗爆性。

**汽油的安定性**：汽油在储存和使用过程中，通常出现颜色变深、生成黏稠胶状沉淀物的现象。出现这些变质现象的根本原因是由于汽油中的不安定组分产生的结果。最不安定的组分包括烃类中的二烯烃、苯烯烃和非烃类中的苯硫酚、吡咯及其同系物。影响汽油安定性的外界因素是光照、温度、金属与空气中的氧等。

汽油的安定性用不饱和烃含量、氧化难易程度和胶质含量等来表征，具体指标是碘值和诱导期，分别表示汽油中不饱和烃的含量及生成胶质的含量。

**汽油的腐蚀性**：汽油中的烃类没有腐蚀性，但一些非烃类物质，如水溶性酸碱、有机酸、活性硫化物等对金属都有腐蚀作用。表示汽油腐蚀性的指标有酸度、水溶性酸碱、铜片腐蚀和硫含量等。

(2) 喷气燃料(航空煤油)

用作喷气式发动机的燃料，要求燃料能在高空低温、低气压下一经点燃便能进行连续、平稳、迅速和完全的燃烧。

国产航煤要求净热值不得小于 10220~10250kcal/kg(1kcal=4.18kJ)燃料，密度不能小于 0.75~0.775kg/m³。通常煤油型航煤用馏程的 10% 馏出温度表示蒸发的难易程度，用 90% 点控制重组分不能过多。航煤规格中，烟点和辉光值是控制积炭性能的两个重要指标，烟点也称无烟火焰高度，是用特制的灯测定燃料火焰在不冒烟时的最大高度。烟点的数值越大说明燃料的生炭倾向越小。辉光度表示燃料燃烧时火焰的辐射强度，它是在固定火焰辐射强度下火焰温升的数值，一般航煤规定辉光值不得低于 45。航煤的凝点一般在 -40℃ 以下，以保证有良好的低温性能。航煤中的水分不能超过 30ppm，表面活性物质要求低于 1ppm，保证航煤的洁净性能。评定航煤热氧化安定性的指标为动态热安定性，现已列为 3 号喷气燃料的质量指标。

(3) 轻柴油

是压燃式发动机的燃料。根据柴油机转速的不同，使用不同类型的柴油。转速为 1000r/min 以上的高速柴油机以轻柴油为燃料，转速为 500~1000r/min 的中速柴油机和小于 500r/min 的低速柴油机使用重柴油。轻柴油的性能指标概括起来有以下几方面：

① 黏度是保证柴油的供油量、雾化状态、燃烧状况和高压油泵润滑的重要指标，为保证良好的雾化性能、蒸发性能和燃烧性能，国产轻柴油规定 20℃ 运动黏度为 2.5~8.0mm²/s。

② 为保证在高温高压空气中汽化并与空气形成可燃性混合气后才开始自燃，柴油必须

有一定的蒸发速度。柴油的馏分组成对蒸发性能影响很大，国产轻柴油规格指标要求其300℃馏出量不得小于50%，350℃馏出量不得小于90%~95%。

③ 柴油的燃烧性能（抗爆性）用十六烷值作为衡量的指标。以易氧化的正十六烷和难氧化的α-甲基萘配成标准燃料，规定正十六烷的十六烷值为100，α-甲基萘的十六烷值为0。将欲测定十六烷值的试油与一定配比的标准燃料在同一发动机（十六烷值测定机）、同一条件下进行比较实验，若某一标准燃料和试油的爆震情况相同，标准燃料中正十六烷的体积百分含量即为所试油的十六烷值。十六烷值也是关系到节能和减少污染的指标。转速大于1000rad/min以上的高速柴油机，以十六烷值40~50的轻柴油为宜，其他中、低速柴油机，可以使用十六烷值为35~40的重柴油。

④ 国产柴油以凝点表示其低温流动性，并作为商品牌号，如国产的0号和-10号轻柴油分别表示其凝点不得高于0℃和-10℃。必须根据使用的环境温度来选择柴油牌号，应使柴油的凝点比环境温度低5~10℃。

⑤ 此外，规定柴油的含硫量应在10ppm以下，灰分含量不得大于0.01%，以减少柴油机的腐蚀和磨损；规定实际胶质应控制在30mg/mL以下，以保证柴油的安定性；柴油的使用储存安全性用闪点来表示，一般闪点高于40℃就能符合国际危险品规定的界限。

（4）（灯用）煤油

煤油是原油180~310℃的直馏馏分油，广泛用于照明、炊事燃料、鱼雷燃料以及医药、油漆等工业的溶剂。其中以灯用煤油用量最多。

影响煤油吸油性的主要因素是馏程和浊点。为保证火焰的平稳和持久，应控制70%馏出温度不高于270℃，同时必须控制干点不大于310℃；国产1号和2号灯煤规定浊点不得高于-15℃和-12℃。灯煤的芳香烃含量和含硫量必须有一定的限制，以保证其点燃性和安全性能。

（5）燃料油

分为船用内燃机燃料油和炉用燃料油两大类。前者是由直馏重油与一定比例的柴油调和而成，用于大型低速船用柴油机（转速小于150r/min），主要质量要求有黏度、闪点、凝点、胶质、沥青质、蜡含量、水分、机械杂质、硫含量等。后者又称为重油，主要是减压渣油、裂化残油或二者的混合物，或调入适量裂化轻油制成的重质石油燃料，供各种工业炉或锅炉作为燃料，主要质量要求有黏度、闪点、凝点、灰分、水分、含硫量和机械杂质等。

#### 4.1.2.2 润滑油和润滑脂

润滑油的品种繁多，不仅包括起润滑作用的油品，还包括不起润滑作用的油品，可以分为：润滑油、电器用油、液压油、润滑脂、真空油脂、防锈油脂等。

（1）发动机润滑油

用于汽油机、柴油机、航空发动机、船用发动机中的活动部件。这类油品是润滑油中用量最大的，要求也最严格。主要使用性能包括以下几方面：

**黏度和黏温性质：** 为保证发动机在正常条件下的润滑和密封，要求润滑油在该温度下具有合适的黏度，从而保证油品良好的低温流动性，同时要求在汽缸温度较高时，黏度不要下降太快，即具有良好的黏温性质，使之在高温下也不会失去润滑和密封性能。润滑油的黏温性在规格中用100℃运动黏度和黏度比等指标表示。

**抗氧化性能：** 发动机润滑油的工作环境温度很高，条件苛刻，同时还受到铁和有色金属等的催化作用，为防止润滑油发生氧化，都要向油中加入抗氧化剂。

**清洁分散性能**：要求润滑油的清洁性，是为防止润滑油中深度氧化产物沉积在活塞上，而分散性是防止生成低温油泥的能力。提高润滑油的清洁分散性能，可以靠加入清净分散添加剂来达到。

**中和能力**：润滑油氧化以后会产生有机酸，因此要求润滑油有一定的碱性，以中和上述酸性产物，防止产生腐蚀问题。润滑油的碱性通常用总碱值(TBN)来表示。

**抗磨性能**：为减少磨损，要求润滑油有一定的抗磨能力。通常加入既能抗氧又能抗磨的二烷基二硫代磷酸锌添加剂来提高油品的抗磨能力。

（2）机械油

机械油分为两类：专用机械油和通用机械油。专用机械油有仪表油、精密仪表油、车轴油、缝纫机油和轧钢机油等，质量标准可参看《石油产品标准汇编》。通用机械油简称机械油，主要用于润滑机床和各种机械，使用条件比解缓和，除要求有一定的黏度外，只要求不要有机械杂质和水溶性酸碱。

（3）电器用油

电器用油主要用在电工设备中，作为绝缘介质和导热介质，并不起润滑作用，只是由于其馏分范围和加工方法与润滑油相似，按习惯归在润滑油大类中。国产电器用油有变压器油、电缆油、电容器油等品种。工作时，要求变压器油有良好的电气性能、抗氧化性、流动性和闪点。

（4）齿轮油

齿轮油是各种齿轮和蜗轮、蜗杆装置的润滑剂，工作条件与其他润滑油有很大差别。齿轮油的主要性能包括黏度、极强的负载性、良好的低温流动性和抗氧化安定性。

（5）液压油

液压油是传递水利能的介质，同时它还润滑液压系统中的运动部件。根据液压油的工作特点，要求有以下性质：合适的黏度、优良的抗氧化性、抗磨性能、润滑能力、防腐能力、消泡性以及清洁性。

**4.1.2.3　蜡、沥青和石油焦**

蜡是炼油工业的副产品之一，为了得到凝点合格的润滑油，通常需要进行脱蜡，把所得到的蜡膏进一步脱油和精制，得到一定熔点和硬度的成品蜡。按照组成和性质，可分为石蜡和地蜡两大类。从石油中得到的石蜡可被广泛用于电气绝缘、食品、食品包装、医药和制造火柴、蜡烛、蜡纸以及多种化学工业用品，同时石蜡也是制取高分子脂肪酸和高级醇的重要化工原料，以熔点作为商品的牌号。

沥青是由石油直接蒸馏后所剩下的减压渣油再经氧化制成，具有良好的黏结性、绝缘性、不渗水性，还能抵抗多种化学药物的侵蚀，被广泛用于铺路、建筑工程、水利工程、绝缘材料、防护涂料、橡胶、塑料、油漆以及保持水土、改良土壤等领域，其中以道路沥青的用量最大。沥青的规格中，最基本的要求是软化点、针入度和延(伸)度三项。

石油焦是减压渣油在 $490\sim550℃$ 高温下分解、缩合、焦炭化后生成的固体焦炭，是一种无定形碳。可以用于高炉冶炼、金属铸造、制造碳化硅和碳化钙。碳氢比高的及灰分少的石油焦是制造冶金电极和原子能工业用的原料。其性能指标主要有灰分含量和硫含量。

**4.1.2.4　石油化工产品**

石油化工产品种类繁多，此处只介绍应用十分广泛的乙烯。

乙烯是基本有机化学工业最重要的产品，它的发展带动着其他化工产品的发展，因此乙烯的产量往往标志着一个国家化学工业的发展水平。由乙烯出发可以生产许多重要的有机化学工业产品，如聚乙烯、乙丙橡胶、聚氯乙烯可以生产薄膜、成型产品；乙二醇可以生产涤纶、抗冻剂、炸药等；乙醛可以继续生成合成纤维、增塑剂原料、酯类、维尼纶等；醋酸乙烯可以生产合成纤维、涂料、粘合剂；苯乙烯可以合成聚苯乙烯塑料、ABS 树脂、丁苯橡胶；乙烯二聚生成的丁烯可用来生产聚丁烯、线性低密度聚乙烯；乙烯齐聚水合生成的高碳醇可用来生产表面活性剂、增塑剂等；乙烯水合生成的乙醇可用来生产溶剂、合成原料等。除此以外，乙烯装置在生产乙烯的同时，副产大量的丙烯、丁烯和丁二烯、芳烃，成为石油化学工业基础原料的主要来源。正因为乙烯生产在石油化工基础原料的生产中所占的主导地位，所以常常将乙烯生产作为衡量一个地区石油化工生产水平的标志，乙烯装置也在石油化工联产企业中成为关系全局的核心生产装置。

# 4.2　典型原油加工方案

我国幅员辽阔，不同地域油田出产原油的性质有一定差异，根据原油的性质选择适宜的加工方案可以取得更高质量的产品、获取更大的经济效益。原油加工方案根据目的产物不同，可分为燃料型、燃料-润滑油型和燃料-化工型三类。

## 4.2.1　燃料型加工方案

燃料型加工方案的主要产品是汽油、煤油、柴油和燃料油等产品，根据生产装置的不同，还可以分为以下三种类型：

（1）简易流程

简易流程主要有常压蒸馏-铂重整型、常压蒸馏型和常减压蒸馏型三种流程。常压蒸馏-铂重整型主要生产燃料油，部分汽油馏分经铂重整生产芳烃。

（2）常减压蒸馏-催化裂化-焦化型

图 4-1 为常减压蒸馏-催化裂化-焦化型炼厂加工流程图。常压蒸馏生产直馏汽油，比直馏汽油沸点更低的 60~90℃馏分送去铂重整装置生产高辛烷值汽油组分或芳香烃。减压蒸馏的馏分油可用作催化裂化的原料，从催化裂化装置生产液化气及高辛烷值（70 以上）汽油。将减压塔底的渣油进行焦化，生产焦炭。焦化装置副产品馏分油可根据原油性质不同用作催化裂化的原料或进行加氢精制，亦可直接混入燃料油中。

上述流程是为了提高轻质产品的收率而采用的深度加工方法，技术水平较高，产品质量也较好。轻质油收率达 60%~70%，汽油辛烷值达 70 以上。同时生产的大量含烯烃的裂化气和芳香烃是重要的石油化工原料。

（3）常减压蒸馏-铂重整-催化裂化-加氢裂化-焦化型

此流程采用加氢裂化工艺，提高了产品品种灵活性及产品质量，轻油收率可达 80%以上。这类流程加工深度大，技术水平高，是较为先进的流程。从常减压蒸馏中拔出的轻汽油或重整馏分进行铂重整，生产汽油调合组分或苯类。尽可能多的从常减压蒸馏中拔出馏分油，减少减压渣油。减压馏分进行催化裂化或加氢裂化，催化裂化气体进行叠合或烷基化，生产高辛烷值汽油组分。部分减压渣油进行焦炭化生产石油焦，也可以经过氧化或者直接生产沥青产品。

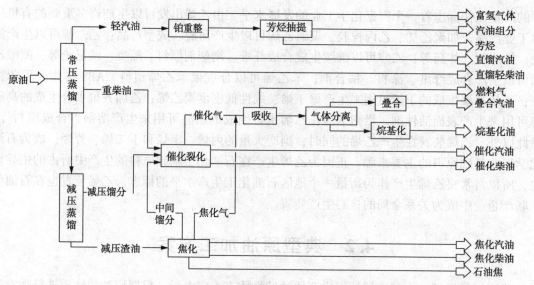

图 4-1　常减压蒸馏-催化裂化-焦化型加工方案流程示意图

## 4.2.2　燃料-润滑油型加工方案

这类加工方案除生产燃料外，还生产润滑油，通常包括常减压、铂重整、催化裂化、加氢裂化、丙烷脱沥青、溶剂精制（或加氢精制）、溶剂脱蜡和焦化等加工过程。

图 4-2 所示为燃料-润滑油型加工方案的流程示意图。该加工方案与燃料型加工方案的主要区别在于减压馏分油不用作催化原料，而是经过溶剂脱蜡、溶剂精制、白土精制等步骤之后生产润滑油的基础油，然后加入各种添加剂生产成品润滑油。此外，减压渣油还可进行丙烷脱沥青，生产沥青原料。目前，加氢精制已逐渐取代白土精制，而且有取代溶剂精制的趋势。

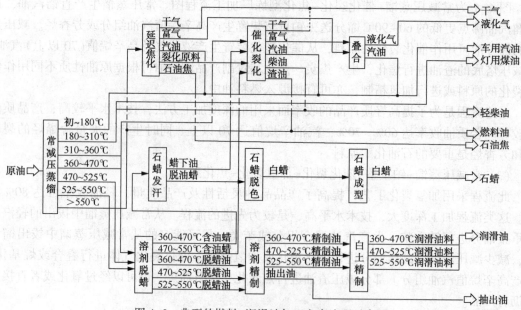

图 4-2　典型的燃料-润滑油加工方案流程示意图

### 4.2.3　燃料-化工型加工方案

如图 4-3 所示，这类石油炼厂除生产各种燃料产品外，还利用催化重整装置生产苯、甲苯、二甲苯和催化裂化气体等作为化工原料，加工成各种化工产品，如合成纤维、合成塑料、合成橡胶、合成氨以及各种有机溶剂等。

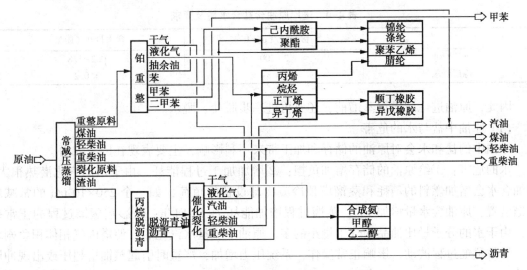

图 4-3　燃料-化工型加工方案流程示意图

由于石油正在逐渐成为有机合成工业的主要原料，因此炼油厂正在发生质的变化，逐渐从单纯生产石油产品的工厂转化成为综合利用石油资源的石油化工企业，而且从 20 世纪 70 年代以来有了较大的发展。

# 4.3　原油蒸馏工艺流程

原油蒸馏是原油加工的第一道工序，通过蒸馏将原油分成汽油、煤油、柴油等各种油品和后续加工过程的原料，因此，又叫原油初馏。原油蒸馏装置在炼厂中占有重要的地位，被称为炼油厂的"龙头"。为了蒸出更多的馏分油作为二次加工原料和充分回收剩余热量，常压蒸馏和减压蒸馏过程一般连接在一起而构成常减压蒸馏工艺流程。

通过常压蒸馏从原油中分出沸点 <350℃ 的馏分，作为汽、煤、柴车用燃料或裂解制乙烯的原料。通过减压蒸馏从原油中分出沸点 <500℃ 的馏分作为催化裂化原料或用于生产各种牌号的润滑油。

### 4.3.1　常减压装置简介

在石油炼厂中，常减压装置是用来加工原油的第一个装置。在该装置中主要采用蒸馏的方法将原油分割成不同沸点范围的馏分，如重整原料、汽油、喷气燃料、柴油、裂化原料（或润滑油）及渣油（或沥青原料）等。原油蒸馏装置设计和操作的好坏，对炼油厂的产品质量、收率以及对原油的有效利用都有很大影响。

常减压装置一般分为四部分：电脱盐部分、初馏部分、常压部分和减压部分。

#### 4.3.1.1 电脱盐部分

原油中除含有泥砂、铁锈等固体杂质外，由于地下水的存在及油田注水等原因，采出的原油一般都含有水分，并且这些水中都溶有钠、钙、镁等盐类。由于原油中含有杂质，在蒸馏前需要进行原油的预处理。一般油田外输原油中规定含水<0.5%、含盐<50mg/L。但由于油田一次脱盐、脱水不易彻底，一般进厂原油杂质含量见表4-4。

表4-4　进厂原油含盐含水量及要求

|  | 含盐量/（mg/L） | 含水量/%（质量） |
| --- | --- | --- |
| 进厂原油 | 3~200 | 0.2~1.8 |
| 炼厂要求 | ≤3 | ≤0.2 |

因此，原油进炼厂进行蒸馏前，还要再进一步脱盐、脱水。

（1）原油中盐与水的危害

原油中的盐和水会对原油的储存和加工带来不利影响，主要表现在以下方面。

水的危害：①给原油的储存增加负担；②增加加工过程能耗，由于水的汽化潜热很大，原油含水会增加燃料的消耗和蒸馏塔顶冷凝冷却设备的负荷，如一个 $250×10^4t/a$ 的常减压蒸馏装置，原油含水量增加1%，蒸馏过程增加能耗 $7×10^6kJ/h$ ；③影响蒸馏过程的正常操作，由于水的分子量比油品的分子量小的多，原油中少量水汽化后，使塔内气相体积急剧增加，导致蒸馏过程波动，影响正常操作，系统压力增加，严重时引起蒸馏塔超压或出现冲塔事故。

盐的危害：①水解生成盐酸，腐蚀设备，原油中所含的无机盐主要有氯化钠、氯化钙、氯化镁等，其中以氯化钠含量最多，约占75%，这些物质受热易水解，生成盐酸，腐蚀设备；②沉积在管壁形成盐垢，影响换热器效率和增加原油流动压降，在换热器和加热炉中，随着水分的蒸发，盐类沉积在管壁上形成盐垢，降低传热效率，增加流动压降，严重时甚至会烧穿炉管或堵塞管道；③影响重油的二次加工，原油中的盐类大多数残留在重馏分油和渣油中，所以还会影响二次加工过程及其产品质量。

（2）原油脱盐脱水方法

原油中的环烷酸、胶质、沥青质可起到乳化剂的作用，因而水在原油中可形成油包水型乳化液，稳定地分布到原油中。原油中含的盐类除少量以晶体状态悬浮在油中以外，大部分的盐溶于水中。因此，脱水即可脱盐。脱水的关键是破坏乳化剂的作用，使油水不能形成乳化液，细小的水滴就可相互集聚成大的颗粒、沉降，最终达到油水分离的目的。由于大部分盐是溶解在水中的，所以脱水的同时也就脱除了盐分。其主要方法有以下几种：①加破乳剂，加入破乳剂以破坏水在原油中的乳化状态，达到脱水的目的，国内炼油厂常用的原油破乳剂是BP-169（聚醚型）和2024破乳剂（聚丙二醇醚与环氧乙烷化合物），加入量为 $10~20ppm$ ；②加高压电场，原油乳化液通过高压电场时，由于感应使水滴的两端带上不同极性的电荷，电荷按极性排列，因而水滴在电场中形成定向键，每两个靠近的水滴，电荷相等，极性相反，产生偶极聚集力，集聚成较大的水滴（图4-4）；③联合法，对于原油这样的比较稳定的乳化液，单凭加乳化剂的方法

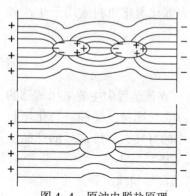

图4-4　原油电脱盐原理

往往不能达到脱盐脱水的要求，因此，炼油厂广泛采用的是加破乳剂和高压电场联合作用的方法，即所谓的电脱盐脱水法。

（3）原油电脱盐脱水的工艺流程

图4-5是原油二级电脱盐脱水的原理流程。原油自原油罐抽出，与破乳剂、洗涤水按比例混合，经换热器与装置中某热流换热达到一定温度，再经过一个混合阀（或混合器）将原油、破乳剂和水充分混合后，送入一级电脱盐罐进行第一次脱盐、脱水。在电脱盐罐内，在破乳剂和高压电场（强电场梯度为500~1000V/cm，弱电场梯度为150~300V/cm）的共同作用下，乳化液被破坏，小水滴凝结成大水滴，通过沉降分离，排出污水（主要是水及溶解在其中的盐，还有少量的油）。一级电脱盐的脱盐率约为90%~95%。一级脱盐后原油再与破乳剂及洗涤水混合后送入二级电脱盐罐进行第二次脱盐、脱水，二级脱盐率为5%~10%。通常二级电脱盐罐排出的水含盐量不高，可将它回注到一级混合阀前，这样既减少用水总量又减少含盐污水的排出量。在上述电脱盐过程中，注水的目的在于溶解原油中的结晶盐，同时也可减弱乳化剂的作用，有利于水滴的聚集。

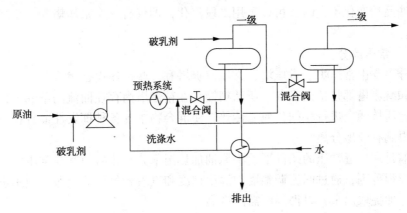

图4-5 二级电脱盐脱水工艺流程

### 4.3.1.2 初馏部分

我国的原油蒸馏装置一般均在常压蒸馏塔前设置初馏塔或闪蒸塔。初馏塔或闪蒸塔的主要作用，在于将原油在换热升温过程中已经汽化的轻油及时蒸出，使其不进入常压加热炉，以降低炉子的热负荷和降低原油换热系统的操作压力，从而降低能耗和操作费用；此外，初馏塔或闪蒸塔还具有使常压塔操作稳定的作用，原油中的气体烃和水在其中全部被除去，而使常压蒸馏塔的操作平稳，有利于保证多种产品特别是煤油、柴油等侧线产品的质量。

初馏塔顶部分馏出的原油中，初馏点~130℃馏分可作为重整原料油，也可以拔出高于130℃的汽油馏分。若原油中含砷和含硫量不太高，轻组分含量较低时，可以取消初馏塔。

采用初馏塔的好处是：

① 原油在加热升温时，当其中轻质馏分逐渐汽化，原油通过系统管路的流动阻力就会增大，因此在处理轻馏分含量高的原油时设置初馏塔，将换热后的原油在初馏塔中分出部分轻馏分再进常压加热炉，这样可显著减小换热系统压力降，避免原油泵出口压力过高，减少动力消耗和设备泄漏的可能性。一般认为原油中汽油馏分含量接近或超过20%就应考虑设置初馏塔。

② 当原油脱盐脱水不好，在原油加热时，水分汽化会增大流动阻力及引起系统操作不稳，水分汽化的同时盐分析出附着在换热器和加热炉管壁影响传热，甚至堵塞管路。采用初

馏塔可避免或减小上述不良影响。初馏塔的脱水作用对稳定常压塔以及整个装置操作十分重要。

③ 在加工含硫、含盐高的原油时，虽然采取一定的防腐措施，但很难彻底解决塔顶和冷凝系统的腐蚀问题。设置初馏塔后它将承受大部分腐蚀而减轻主塔(常压塔)塔顶系统腐蚀，经济上是合算的。

④ 汽油馏分中砷含量取决于原油中砷含量以及原油被加热的程度，如作重整原料，砷是重整催化剂的严重毒物。例如加工大庆原油时，初馏塔的进料仅经换热温度达230℃左右，此时初馏塔顶重整原料砷含量<200ppm，而常压塔进料因经加热炉加热温度达370℃，常压塔顶汽油馏分砷含量达1500ppb。当处理砷含量高的原油，蒸馏装置设置初馏塔可得到含砷量低的重整原料。

此外，设置初馏塔有利于装置处理能力的提高，设置初馏塔并提高其操作压力(例如达0.3MPa)能减少塔顶回流油罐轻质汽油的损失等。因此蒸馏装置中常压部分设置双塔，虽然增加一定投资和费用，但可提高装置的操作适应性。当原油含砷、含轻质馏分量较低，并且所处理的原油品种变化不大时，可以采用二段汽化，即仅有一个常压塔和一个减压塔的常减压蒸馏流程。

### 4.3.1.3 常压部分

常压部分主要由常压炉、常压塔、常压汽提塔和一些换热设备组成。

常压塔和减压塔都是精馏设备。所谓精馏是在精馏塔内存在回流的条件下，气液两相在塔盘上多次逆流接触，进行相间传质、传热，使混合物中的各种挥发性馏分在不同的温度和压力条件下得到有效地分离。

常压蒸馏是在接近常压的条件下，将原油加热至部分汽化后使其在常压塔内利用各段馏分油不同的馏程范围，通过回流调整塔内温度梯度和汽液相负荷的分布，利用塔盘的分离作用，将各馏分油提取出来，以得到所需的产品。

一般从常压塔顶分出汽油馏分，从1~3侧线分别分出喷气燃料(或灯用煤油)、轻柴油和重柴油馏分。侧线产品依原油的性质和对产品的要求不同而有不同的选择，可以灵活调整。常压汽提塔用来提高产品的闪点。如果对产品闪点没有严格要求，或产品还要进一步加工，也可以取消汽提塔。在大的炼油厂中一般都有汽提塔。

### 4.3.1.4 减压部分

减压部分包括减压塔、减压汽提塔及有关的换热设备。

减压蒸馏是利用蒸汽抽空器使减压塔内保持负压状态，常压渣油经减压炉进一步加热后，进入减压塔进行部分汽化蒸馏，使沸点较高的馏分在低于其常压沸点的温度下汽化蒸发，从而避免了因汽化温度过高造成的渣油热裂化和结焦。

从减压塔顶分出的馏分一般可作为柴油混入常压3线，减压1线可作为裂化原料，2~4线可生产润滑油。如不生产润滑油，则可只开两个侧线生产催化裂化原料。若渣油被送去丙烷脱沥青装置，除生产沥青原料外，还可得到一些宝贵的重质润滑油，如过热汽缸油等。

减压塔的结构与装置类型有关，图4-6和图4-7分别为燃料型和润滑油型常减压装置的流程示意图。燃料型减压塔的馏分一般是作为催化裂化或加氢裂化的原料，对相邻侧线的分离精度要求不高，故侧线、中段回流以及全塔塔板数均比常压塔少。润滑油型减压塔由于对馏分的馏程宽度有较高要求，故其塔板总数或填料高度多于燃料型减压塔。

原油的减压蒸馏系统按操作条件，主要分"湿式"减压蒸馏和"干式"减压蒸馏两种。前

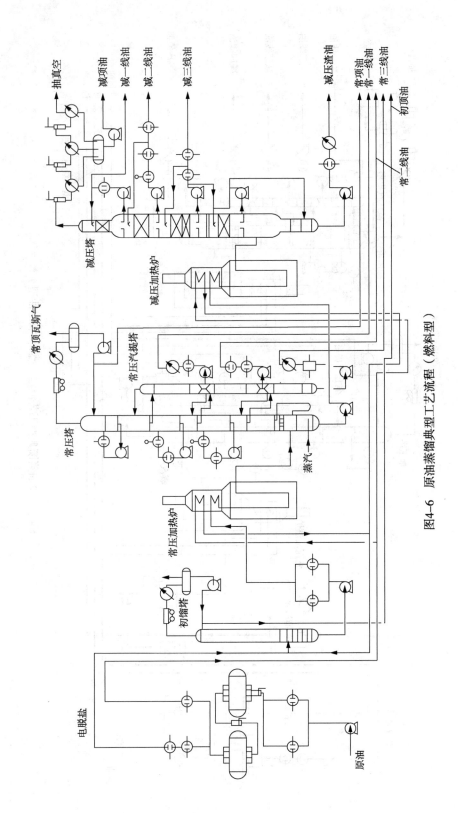

图4-6 原油蒸馏典型工艺流程（燃料型）

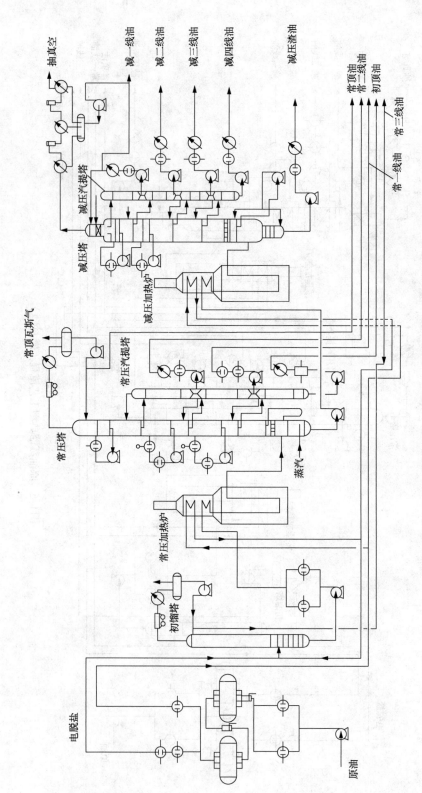

图4-7 原油蒸馏典型工艺流程（燃料-润滑油型）

60

者保留了老式减压蒸馏在辐射炉管入口和塔底吹蒸汽的传统操作法，目前多用于润滑油型减压蒸馏；后者在减压炉管内和减压塔底不吹蒸汽，故称"干式"减压，我国现在已有多套燃料型原油蒸馏装置采用"干式"减压蒸馏。

### 4.3.2　典型常减压工艺流程举例

（1）燃料型常减压流程

如图 4-6 所示，原油用泵自原油罐抽出，注入 5%～10% 的水（依含水量不同决定是否需注入水）和适量的破乳剂，然后送入换热器内加热至 90～120℃，进入电脱盐罐，除去水和盐。脱盐脱水后，原油用泵送，经换热器与本装置产品热油换热至 200～240℃ 后进入初馏塔。在初馏塔顶拔出轻汽油后经冷凝冷却，一部分送主塔塔顶作为回流，一部分作为产品送至中间罐。初馏塔底油用泵送至常压加热炉，被加热至 370℃ 左右进入常压塔。

常压塔顶馏出的汽油馏分经冷凝冷却后，一部分作为常顶回流，一部分作为装置成品。常压塔设 3～4 个侧线，生产汽油、溶剂油、煤油（或喷气燃料）、轻、重柴油等产品或调和组分。为了调整各侧线产品的闪点和馏程范围，各侧线都设有汽提塔。常压塔底油用泵送入减压炉，加热至 410℃ 左右送入减压塔。

在"干式"减压蒸馏工艺中，减压塔顶的不凝气体负荷小，常采用三级蒸气喷射泵抽真空，少量轻质油从塔顶抽出，经冷凝冷却分水后可作为柴油馏分，减压塔侧线经与原油换热后可分别作为催化裂化原料或加氢裂化原料，产品较简单，故只设 2～3 个侧线，若分馏精度要求不高，则可不设汽提塔。塔底渣油温度很高（～390℃ 左右），在与原油换热后送去沥青装置作为成品。

（2）燃料-润滑油型常减压流程

如图 4-7 所示，燃料-润滑油型常减压原油蒸馏的流程具有以下特点：

① 常压系统在原油和产品要求与燃料型相同时，流程相同。

② 减压系统流程较燃料型复杂。由于减压塔要采出各种润滑油原料组分，故一般设 4～5 个侧线，而且要有侧线汽提塔以满足对润滑油原料组分的性能要求，并改善各馏分的流程范围。

③ 减压蒸馏系统一般采用在减压炉管和减压塔底注入水蒸气的操作工艺。目的在于改善炉管内油流的流型，避免油料因局部过热而裂解；降低减压塔的油气分压，以提高馏分油的拔出率。

④ 在减压塔进料段以上、最低侧线抽出口以下，设轻、重油洗涤段，以改善重质润滑油料的质量。

（3）燃料-化工型常减压流程

如图 4-8 所示，燃料-化工型常减压原油蒸馏的流程具有以下特点：

① 燃料-化工型流程是三类流程中最简单的，常减压蒸馏系统一般不设初馏塔而设闪蒸塔，闪蒸塔顶油气引入常压塔中上部；

② 常压塔设 2～3 个侧线，产品作裂解原料，分离精度要求低，塔板数可减少，不设汽提塔；

③ 减压蒸馏系统与燃料型蒸馏系统基本相同。

图 4-9 为山东某石化公司的常减压装置流程示意图，该装置的特点是：

① 在换热流程中原油先与低温的常减压装置产品换热（至 140℃），然后去电脱盐；

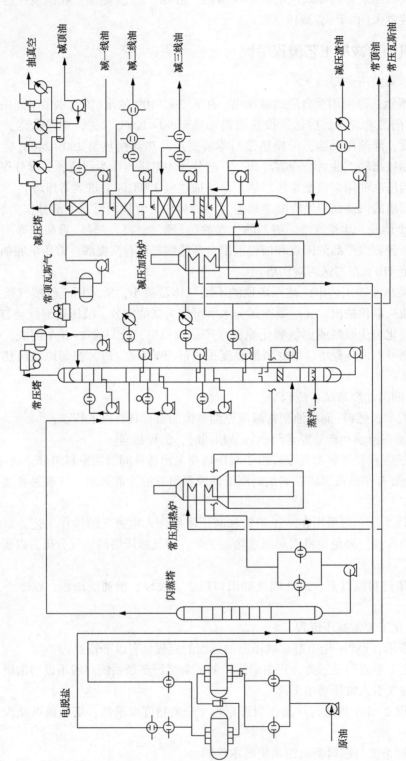

图4-8 原油蒸馏典型工艺流程图（化工型）

抽真空

减顶油

减一线油

减二线油

减三线油

减压渣油

常顶油

常压瓦斯油

减压塔

常顶瓦斯气

减压加热炉

常压塔

蒸汽

常压加热炉

闪蒸塔

电脱盐

原油

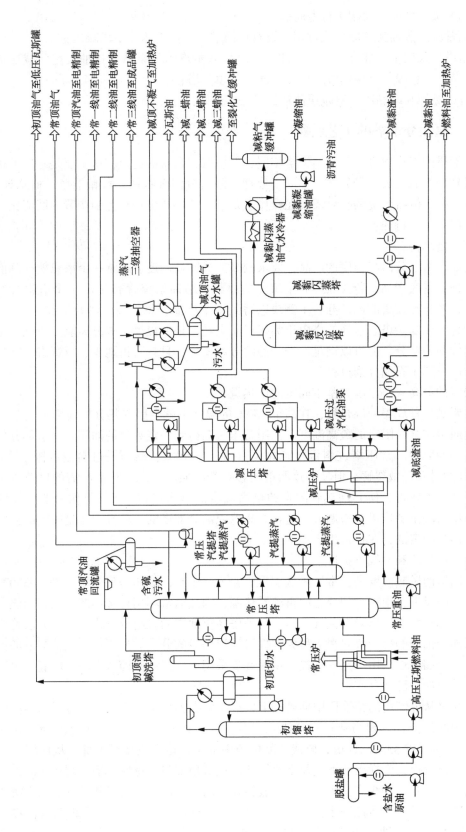

图4-9 山东某石化公司常减压装置流程图

② 采用两级串联电脱盐罐进行电脱盐；

③ 原油常减压蒸馏为三段汽化过程，设有初馏塔、一段常压、一段减压；

④ 减压塔顶采用干式抽真空方法，即用三级串联蒸汽喷射泵从塔顶抽真空，减压塔底不设汽提水蒸气，也没有其他惰性气体，减压塔为填料塔；

⑤ 设有减黏炉和减黏塔，对减压渣油做进一步处理。

### 4.3.3　原油分馏塔的工艺特征

原油分馏塔的工作原理与一般精馏塔相同，但也有它自身的特点，这主要是它所处理的原料和所得到的产品组成比较复杂，不同于处理有限组分混合物的一般精馏塔。概括地说，结构上是带有多个侧线汽提的复合塔，在操作上是固定的供热量和小范围调节的回流比。原油分馏塔有以下工艺特征：

（1）复合塔结构

一般精馏塔为了分出高纯度的产品，要求较高的分馏精确度，通常一个塔只能得到两个产品——塔顶和塔底产品。若要处理 $n$ 个组分的原料，精馏系统就需要 $n-1$ 个塔组合在一起。原油分馏塔却是在塔的侧部开若干侧线以得到多个产品，就像几个塔叠置在一起一样，故称之为复合塔或复杂塔。这样的塔由于侧线产品未经严格的提馏，故分离能力较低，不可能分离得到较纯的组分，但可以满足石油产品的分离要求，且具有占地少、投资省、能耗低等优点，故广泛用于石油分馏过程。

（2）限定的最高入口温度和基本固定的供热量

原油主要是各种烃类的混合物，在高于350℃的温度下就会因受热分解而影响直馏油品质量。因此通常在某一限定的最高温度下，用常压蒸馏得到一定数量的油品，其余部分要在减压条件下蒸馏取得。常压塔进料温度通常限在 360～370℃；减压塔进料温度限在 390～420℃，允许油料有轻微裂解，但又不致严重地影响产品质量。原油分馏所需的供热，主要是靠进料在加热炉取得，使其加热到限定的最高温度后进入塔内. 而不是像一般精馏塔那样，还可以用塔底重沸器供热来调节，这就意味着原油分馏塔的供热量大体是固定的，因而回流比也大体是固定的，在正常生产中调节余地很少。

（3）设置汽提段和侧线汽提塔

原油分馏塔的塔底温度高，常压塔底温度一般在 350℃，减压塔底温度一般在 390℃左右。在这样的高温下，很难找到合适的再沸器热源，因此通常不用再沸器产生气相回流，而是在塔底注入过热水蒸气以降低油气分压，帮助塔底重油中的轻组分汽化，这种方法称为汽提。因此原油分馏塔的提馏段习惯上称为汽提段，汽提段的分离效果不如一般精馏塔的提馏段。以前减压分馏塔也采用水蒸气汽提，现因逐步采用干式减压蒸馏的方法，塔底不再注入水蒸气，故其提馏段已名存实亡。

侧线产品是从分馏塔的精馏段中部塔板上以液相状态抽出，相当于未经过提馏的液体产品，因此其中必然会含有相当数量的低沸点组分。为了控制和调节侧线产品质量（如闪点等），通常设置若干个侧线汽提塔，侧线产品由塔中抽出，送入汽提塔上部，从该塔下部注入过热蒸汽进行汽提，汽提出的油气及水蒸气从汽提塔顶部引出返回主塔，侧线产品由汽提塔底部抽出送出装置，侧线汽提塔相当于一般精馏塔的提馏段，塔内通常设置3~4层塔板。

当某些侧线产品需严格控制水分含量时（如生产喷气燃料），不能采取水蒸气汽提，而须用"热重沸"的方式，即侧线油品与温度较高的下一侧线油品换热，使之部分汽化，产生汽相回流,起到提馏作用,这与使用重沸器的提馏段完全一样。

(4)塔的进料应有适当的过汽化率

原油精馏所需的热量,主要靠原油本身带入,因此原油在进入分馏塔入口处的汽化率应略高于塔顶和各侧线产品收率的总和。这个过量的汽化百分率称为过汽化率。过量汽化的目的是使分馏塔最低侧线以下的几层塔板有一定的内回流,以保证其分馏效果。但过汽化率也不宜太高,以免使进料油温度升的过高引起进料裂解和不必要的消耗能量。

### 4.3.4 原油分馏塔的回流方式

原油分馏塔除在塔顶采用冷回流或热回流外,根据原油精馏处理量大,产品质量要求不太严格,一塔出多个产品等特点,还采用了一些特殊的回流方式。

#### 4.3.4.1 塔顶油气二级冷凝冷却的回流方式

如图4-10所示。它是塔顶回流的一种特殊形式。首先将塔顶油气(回流+塔顶产品)冷凝(温度为55~90℃),回流送回塔内,产品则进一步冷却到安全温度(约40℃)以下。第一步在温差较大情况下取出大部分热量,第二步虽然传热温差较小,但热量也较少。与一般塔顶回流方式(回流与产品同时冷凝冷却)相比,二级冷凝冷却所需传热面积较小,设备投资较少,但流程复杂,回流液输送量较大,操作费用增加,一般来说大型装置采用此方式较为有利。

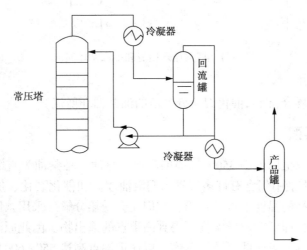

图4-10　塔顶回流示意图

#### 4.3.4.2 循环回流方式

循环回流按其所在部位分为塔顶、中段和塔底三种方式。循环回流是高温抽出的液相,经冷却或换热后再返回塔内循环取热的,本身没有相变化,故用量较大。

(1)塔顶循环回流

多用于减压塔、催化裂化分馏塔等需要塔顶汽相负荷小的场合。塔顶循环回流如图4-11所示。由于塔顶没有回流蒸汽通过,塔顶馏出线和冷凝冷却系统的负荷大大减小,故流动压降变小,使减压塔的真空度提高;对催化裂化分馏塔来讲,则可提高富气压缩机的入口压力,降低气压机功率消耗。

(2)中段循环回流

又称中段回流,如图4-11所示。它是炼油厂分馏塔最常采用的回流方式之一。中段回流不能单独使用，必须与塔顶回流配合。采用这种回流方式，可以使回流热在高温部位取出，充分回收热能，同时还可以使分馏塔的气液负荷沿塔高均匀分布，减少塔径(对设计来说)或提高塔的处理能力(对现成设备来说)。当然采用中段回流也会带来一些弊病，例如回流出板至返回板之间的塔板只起换热作用，分离能力通常仅为一般塔板的50%。而且采用中段回流后，会使其上部塔板上的内回流量大大减少，影响塔板效率。基于上述原因，为保证塔的分馏效果，就必须增加塔板数，因而将使塔高增加。此外还要增设泵和换热器，工艺流程也将变得复杂。要根据需要综合考虑，一般来说，对有3~4个侧线的分馏塔，推荐用两个中段回流，对有1~2个侧线的塔可采用一个中段回流，在塔顶和一线之间通常不设中段循环回流。中段回流出入口间一般相隔2~3块塔板，其间温差可选在80~120℃。

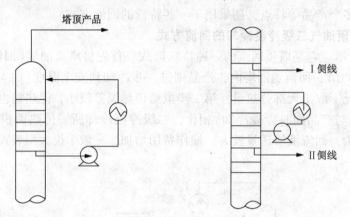

图4-11　塔顶循环回流和中段循环回流

（3）塔底循环回流

只用于某些特殊场合(例如催化裂化分馏塔的油浆循环回流)。

### 4.3.5　减压蒸馏

通过常压蒸馏可以把原油中350℃以前的汽油、煤油、轻柴油等直馏产品分馏出来，而在350℃以上的常压重油中仍含有许多宝贵的润滑油馏分和催化裂化、加氢裂化原料未能蒸出。因为常压下在更高的温度下进行蒸馏，它们就会受热分解。采用减压蒸馏或水蒸气蒸馏的方法可以降低沸点，即可在较低温度下得到高沸点的馏出物。因此原油分馏过程中，通常都在常压蒸馏之后安排一级或两级减压蒸馏，以便把沸点高达550~600℃的馏分深拔出来。

减压蒸馏所依据的原理与常压蒸馏相同，关键是采用了抽真空措施，使塔内压力降到几十毫米、甚至小于10mmHg。下面仅就减压的工艺过程，抽空系统和新出现的干式减压等几个方面介绍一下减压蒸馏的特点。

（1）减压蒸馏的工艺特点

如前所述由于生产任务不同，减压分馏塔有两种类型：燃料型和润滑油型。燃料型减压塔，主要生产二次加工(如催化裂化，加氢裂化等)的原料。它对分馏精确度要求不高，主要希望在控制杂质含量(如残炭值低、重金属含量少)的前提下，尽可能提高拔出率。润滑油型减压塔，以生产润滑油料为主，要求得到颜色浅、残炭值低，馏程较窄、安定性好的减压馏分油，因此润滑油型减压塔不仅要求有高的拔出率，而且应具有足够的分馏精确度。和常压分馏塔相比，减压分馏塔有它自己的的特点，这就是高真空、低压降、塔径大、板数少。减压塔既要提高拔出率，又要避免油品分解，关键在于尽可能提高减压塔汽化段的真空度，降低油气分压，为此减压系统设置高效抽真空设备。现代的减压塔塔顶都不出产品，采用塔顶循环回流控制塔顶温度，因此塔顶管线只有被抽真空设备抽出的不凝气流过，管线压降很小。这样，可以在抽真空设备能力一定的情况下，尽可能提高减压塔顶真空度。由于塔顶蒸汽负荷较小，通常塔顶部直径也较小。为了尽可能减小从塔顶到汽化段间的压力降，采用高效率、低压降的塔板或填料，减少塔板数或采用较低的填料层高度和简化塔内结构。在降低塔内压力的同时，向减压塔底注入过热水蒸气，进一步降低油气分压。

减压塔内残压低，组分之间的相对挥发度要比常压条件下大，故易于分离。而减压各馏分油之间的分离精确度又较常压塔要求低，所以减压分馏塔的塔板数少于常压塔。压力低则塔内蒸汽体积增大，汽速高(但蒸汽重度比常压塔低)。减压分馏塔处理的油料相对密度和黏度较高，还可能含一些表面活性物质，当蒸汽穿过塔板液层时，易形成泡沫。因此减压分馏塔一般塔径及板间距离均较大，并且在进料段及塔顶部都留有破沫空间和安设破沫网等设施。为了减小塔径和利用塔的高温热量，通常设置多个中段循环回流。为了避免塔底渣油在高温下发生分解、聚合反应造成塔底部结焦和生成较多的不凝气，增大抽空设备负荷，一般减压塔采用"缩径"的办法，以减小渣油在塔底部的停留时间。

由于节能问题日益受到重视，为了有效地降低常减压装置能耗，很多炼油厂采用了"干式"减压蒸馏技术。所谓干式减压蒸馏就是加热炉和减压塔内不再注入水蒸气，并在减压塔顶设置三级高效抽空器，塔内全部或部分采用处理能力高、压降低的新型填料，代替传统的塔板结构，以降低精馏段的压降并满足塔内气液两相接触和传热、传质的要求，使分馏塔的汽化段在高真空下操作，以降低汽化段温度。和传统的"湿式"工艺相比，"干式"减压蒸馏具有节能、高效和污染小的特点，不仅完全满足燃料型减压蒸馏工艺的需要，而且能达到润滑油型减压蒸馏"高真空、低炉温、窄馏分、浅颜色"的技术要求。

（2）减压蒸馏塔的抽真空系统与抽空设备

为了降低减压分馏塔的压力，必须不断地排除塔内不凝气(热分解产物或漏入的空气)和注入的水蒸气(湿式减压工艺时)，为此需采用抽真空设备，图4-12为间接冷凝抽真空系统流程示意图。来自减压塔顶的不凝气、水蒸气以及少量的油气首先进入冷凝器，气体走壳程水走管程，冷热流体不直接接触，水蒸气和油气冷凝冷却后进入凝液罐中。过去多采用直接冷凝设备、即油蒸气与冷却水在混合冷凝器中直接接触冷凝冷却，然后排入水封池。由于直冷会产生大量被油污染的冷凝冷却水，不利于环境保护，且增加了循环水处理费用，所以现在已很少采用。未被冷凝的不凝气由蒸气喷射器抽出，送入中间冷凝器(间冷)，使喷射器来的水汽与油气冷凝，未凝油气则进入二级抽空系统，继续抽空。炼油厂常用的产生真空的主要设备是蒸汽喷射器，其基本结构如图4-13所示。它是由一个喷嘴、一个混合室和一个扩压管三部分构成的。

高压的工作蒸汽通过缩扩型喷嘴形成超音速的高速气流，蒸汽的压力能转变为速度能，形成混合室的低压区，将不凝气抽入。在扩压器中，混合气体的流速及压力变化与上述过程相反，待升压到一定程度即可排出系统外。蒸汽喷射器通常使用压力为 0.8~1.3MPa，用过热的水蒸气为工作介质，当用二级抽空器时，可保持减压塔顶残压为 5.3~8.0kPa。

众所周知，水在一定温度下有其相应的饱和蒸气压，在抽空器前的冷凝器内总是有水存在，因而与该系统温度相对应的饱和水蒸气压力是这种类型抽空装置所能达到的极限残压，再加上管线及冷凝系统压降，减压塔顶残压还要更高些。如欲达到更高的真空度，则需在冷凝器前安装辅助蒸汽喷射抽空器(亦称增压喷射器)组成三级抽空系统(如干式减压)。因为塔内气体不经冷凝而直接进入辅助抽空器，使辅助抽空器负荷大，蒸汽耗量多，因此只有在采用干式减压后减压塔顶负荷大幅度下降的情况下，才适宜用三级抽空来产生高真空度。

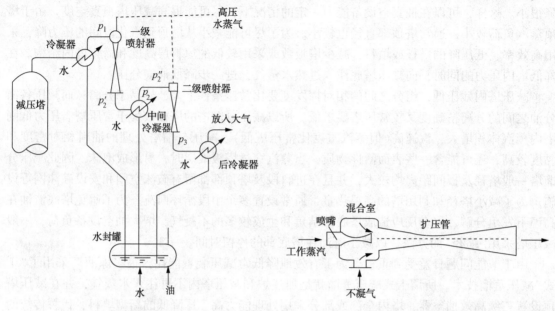

图 4-12　间接冷凝式抽真空系统　　　　图 4-13　蒸汽喷射器结构示意图

（3）影响汽化段真空度的主要因素

减压蒸馏操作的主要目标是提高拔出率和降低能耗。因此，影响减压系统操作的因素，除与常压系统大致相同外，还有真空度。在其他条件不变时，提高真空度，即可增加拔出率。对拔出率直接有影响的压力是减压塔汽化段的压力。如果上升蒸汽通过上部塔板的压力降过大，那么要想使汽化段有足够高的真空度是很困难的。影响汽化段真空度的主要因素有以下几个方面：

**塔板压力降**：塔板压力降过大，当抽空设备能力一定时，汽化段真空度就越低，不利于进料油汽化，拔出率降低，所以，在设计时，在满足分馏要求的情况下，尽可能减少塔板数，选用阻力较小的塔板以及采用中段回流等，使蒸汽分布尽量均匀。

**塔顶气体导出管的压力降**：为了降低减压塔顶至大气冷凝器间的压力降，一般减压塔顶不出产品，采用减一线油打循环回流控制塔顶温度。这样，塔顶导出管蒸出的只有不凝气和塔内吹入的水蒸气。由于塔顶的蒸汽量大为减少，因而降低了压力降。

**抽空设备的效能**：采用一级蒸汽喷射抽空器，一般能满足工业上的要求。对处理量大的装置，可考虑采用并联二级抽空器，以利抽空。抽空器的严密和加工精度、使用过程中可能产生的堵塞、磨损程度，也都影响抽空效能。

**其他影响因素**：在上述设备条件外，抽空器使用的水蒸气压力、大气冷凝器用水量及水量的变化，以及炉出口温度、塔底液面的变化都会影响汽化段的真空度。

### 4.3.6　常压蒸馏装置运行操作要点

常压蒸馏系统主要过程是加热、蒸馏和汽提，主要设备有加热炉、常压塔和汽提塔。常压蒸馏操作的目标为提高分馏精确度和降低能耗为主。影响这些目标的工艺操作条件主要有温度、压力、回流比、塔内气流速度、水蒸气吹入量以及塔底液面等。

（1）温度

常压蒸馏系统主要控制的温度点有加热炉出口、塔顶、侧线温度。

加热炉出口温度高低，直接影响进塔油料的汽化量和带入热量，相应的塔顶和侧线温度都要变化，产品质量也随之改变。一般控制加热炉出口温度和流量恒定。如果炉出口温度不变，回流量、回流温度、各处馏出物数量的改变，也会破坏塔内热平衡状态，引起各处温度条件的变化，其中塔顶温度对热平衡的影响最灵敏。加热炉出口温度和流量平稳是通过加热炉系统和原油泵系统控制来实现。

塔顶温度是影响塔顶产品收率和质量的主要因素。塔顶温度高，则塔顶产品收率提高，相应塔顶产品终馏点提高，即产品变重。反之则相反。塔顶温度主要通过塔顶回流量和回流温度控制实现。

侧线温度是影响侧线产品收率和质量的主要因素，侧线温度高，侧线馏分变重。侧线温度可通过侧线产品抽出量和中段回流进行调节和控制。

（2）压力

油品汽化温度与其油气分压有关。塔顶温度是指塔顶产品油气（汽油）分压下的露点温度；侧线温度是指侧线产品油气(煤油、柴油等)分压下的泡点温度。油气分压越低，蒸出同样的油品所需的温度则越低。而油气分压是设备内的操作压力与油品摩尔分数的乘积，当塔内水蒸气吹入量不变时，油气分压随塔内操作压力降低而降低。操作压力降低，同样的汽化率要求进料温度可低些，燃料消耗可以少些。

因此，在塔内负荷允许的情况下，降低塔内操作压力，或适当吹入汽提蒸汽，有利于进料油气的蒸发。

（3）回流比

回流提供气液两相接触的条件，回流比的大小直接影响分馏的好坏，对一般原油分馏塔，回流比大小由全塔热平衡决定。随着塔内温度条件等的改变，适当调节回流比，是维持塔顶温度平衡的手段，以达到调节产品质量的目的。此外，要改善塔内各馏出线间的分馏精确度，也可借助于改变回流量(改变馏出口流量，可改变内回流量)。但是由于全塔热平衡的限制，回流比的调节范围是有限的。

（4）气流速度

塔内上升气流由油气和水蒸气两部分组成，在稳定操作时，上升气流量不变，上升蒸汽的速度也是一定的。在塔的操作过程中，如果塔内压力降低，进料量或进料温度增高，吹入水蒸气量上升，都会使蒸汽上升速度增加，严重时，雾沫夹带现象严重，影响分馏效率。相反，又会因蒸汽速度降低，上升蒸汽不能均衡地通过塔板，也要降低塔板效率，这对于某些弹性小的塔板(如舌形)，就需要维持一定的蒸汽线速。在操作中，应该使蒸汽线速在不超过允许速度(不致引起严重雾沫夹带现象的速度)的前提下，尽可能地提高，这样既不影响产品质量，又可以充分提高设备的处理能力。对不同塔板，允许的气流速度也不同，以浮阀塔板为例，常压塔一般为 $0.8 \sim 1.1 m/s$，减压塔为 $1.0 \sim 3.5 m/s$。

（5）水蒸气吹入量

在常压塔底和侧线吹入水蒸气起降低油气分压的作用，而达到使轻组分汽化的目的。吹入量的变化对塔内的平衡操作影响很大，改变水蒸气吹入量，虽然是调节产品质量的手段之一，但是必须全面分析对操作的影响，吹入量多时，增加了塔及冷凝冷却器的负荷。

（6）塔底液面

塔底液面的变化，反映物料平衡的变化和塔底物料在蒸馏塔内的停留时间，取决于温度、流量、压力等因素。

# 4.4 催化裂化工艺流程

随着工农业、交通运输业以及国防工业等部门的迅速发展，对轻质油品的需求量日益增多，对质量的要求也越来越高。但是轻质油品的来源只靠直接从原油中蒸馏取得是远远不够的。一般原油经常减压蒸馏所提供的汽油、煤油、柴油等轻质油品仅有 10%～40%，如果要得到更多的轻质产品以解决供需矛盾，就必须对其余的重质馏分以及残渣油进行二次加工。而且直馏汽油的辛烷值太低，一般只有 40～60（马达法），必须与二次加工汽油调合使用。二次加工是指将直馏重质组分再次进行化学结构上的破坏加工使之生成汽油、柴油、气体等轻质产品的过程。

催化裂化就是炼油厂中提高原油加工深度、生产液化气、柴油和高辛烷值汽油的最重要的一种重油轻质化工艺过程。

催化裂化的原料：主要使用重质馏分油，如减压馏分油、焦化重馏分油等作为原料，在生产航空煤油时多以柴油馏分为原料，某些常压重油也可以直接作原料，但要解决重金属污染催化剂及生成焦炭较多的问题。

催化裂化的产品包括气体（其中主要是 $C_3$、$C_4$）、汽油、柴油、重质油（可循环作原料）及焦炭。在一般工业条件下，气体产率约为 10%～20%，其中所含组分有氢气、硫化氢、$C_1$～$C_4$ 的烃类。催化裂化气体中大量的是 $C_3$、$C_4$（称为液态烃或液化气），约占 90%（质量），这部分产品是优良的化工原料和生产高辛烷值汽油组分的原料。液体产品中催化裂化汽油产率为 40%～60%（质量）。由于其中有较多烯烃、异构烷烃和芳烃，所以辛烷值较高，一般为 80 左右（马达法）。柴油产率为 20%～40%（质量），因其中含有较多的芳烃（40%～50%），所以十六烷值较直馏柴油低得多，只有 35 左右，常常需要与直馏柴油等调和后才能作为柴油发动机燃料使用。另外，焦炭产率在 5%～7%。

## 4.4.1 工艺原理

原料经过预热后进入提升管反应器和再生后的催化剂混合，在 470～530℃ 的温度和 0.1～0.3MPa 的压力条件下发生裂化反应、异构化反应、芳构化反应、氢转移反应等化学反应：

烷烃裂化为较小分子的烯烃和烷烃

$$C_n H_{2n+2} \longrightarrow C_m H_{2m} + C_P H_{2P+2}$$

烯烃裂化为较小分子的烯烃

$$C_n H_{2n} \longrightarrow C_m H_{2m} + C_P H_{2P}$$

烷基芳烃脱烷基反应

$$ArC_n H_{2n+1} \longrightarrow ArH + C_n H_{2n}$$

烷基芳烃侧链断裂

$$Ar\, C_n H_{2n+1} \longrightarrow Ar\, C_m H_{2m-1} + C_P H_{2P+2}$$

环烷烃裂化为烯烃

$$C_n H_{2n} \longrightarrow C_m H_{2m} + C_P H_{2P}$$

氢转移反应(使汽油饱和度和安定性提高)

$$环烷烃+烯烃\longrightarrow芳香烃+烷烃$$

异构化反应(提高汽油的辛烷值)

$$烷烃\longrightarrow异构烷烃$$

$$烯烃\longrightarrow异构烯烃$$

烯烃环化脱氢生成芳烃

$$烯烃\longrightarrow芳烃+氢气$$

缩合反应

$$单环芳烃\longrightarrow稠环芳烃\longrightarrow焦炭+氢气$$

反应后的油气进入分馏塔,由于油气中各组分沸点的不同,在分馏塔油气被冷却后分馏成塔顶油气、柴油、回炼油和油浆。柴油经汽提后直接出装置,塔顶油气经油气分离器分离出富气和粗汽油,富气由气压机压缩后送入吸收稳定系统,在吸收塔根据富气中各组分在吸收剂中溶解度的不同,由粗汽油和稳定汽油作吸收剂,吸收富气中的 $C_3$、$C_4$ 以上的组分,贫气进入再吸收塔,由柴油吸收贫气中带走的少量汽油,干气出装置,富吸收油由吸收塔出来进入解吸塔,解吸出其中的 $C_2$ 组分,脱乙烷汽油进入稳定塔,塔顶出液态烃,塔底出稳定汽油。

## 4.4.2 装置简介

催化裂化装置一般由三个部分组成:反应-再生系统、分馏系统和吸收稳定系统。在再生压力较高[ >0.15MPa( 表 )]的装置中通常还设有再生烟气能量回收系统。如图 4-14 为高低并列式提升管催化裂化装置的工艺流程。

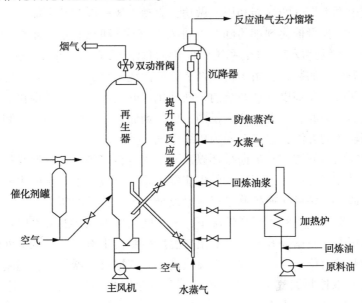

图 4-14　高低并列式催化裂化系统流程

(1)反应-再生系统

新鲜催化裂化原料经换热后与回炼油混合,经加热炉加热至 $300\sim400℃$ 后送至反应器下部喷嘴(油浆不进加热炉直接进提升管),经蒸汽雾化并喷入提升管内,在其中与来自再生

71

器的高温催化剂（600~750℃）接触，随即汽化并在催化剂上进行反应。油气与雾化蒸汽及预提升蒸汽一起以 7~8m/s 的线速度向上流动，边流动边进行化学反应，在 470~510℃ 的温度下停留 2~4s，以 13~20m/s 的高线速度通过提升管口，经快速分离器，大部分催化剂被分出落入沉降器下部，油气携带少量催化剂经两级旋风分离器分出夹带的催化剂后进入集气室，通过沉降器顶部的出口进入分馏系统。

积有焦炭的待生催化剂由沉降器进入其下面的汽提段，经旋风分离器回收的催化剂通过料腿也进入汽提段。汽提段内装有多层人字形挡板，并在底部通入过热水蒸气，用过热水蒸气汽提以脱除吸附在催化剂表面上的少量油气。待生催化剂通过斜管、待生单动滑阀进入再生器。再生器的主要作用是烧去催化剂上因反应而生成的积炭，使催化剂的活性得以恢复。再生用空气由主风机供给，空气通过再生器下面的辅助燃烧室及分布板进入密相床层。对于热平衡式装置，辅助燃烧室只是在开工升温时才使用，正常运转时并不烧燃料油。待生催化剂与来自再生器底部的空气（由主风机提供）接触形成流化床层，进行再生反应，同时放出大量燃烧热，以维持再生器足够高的床层温度（密相段温度约为 650~680℃）。再生器维持 0.15~0.25MPa（表）的塔顶压力，床层线速约为 0.7~1.0m/s。再生后的催化剂含碳量小于 0.2%，经淹留管、再生斜管及再生单动滑阀返回提升管反应器循环使用。

再生烟气经再生稀相段进入旋风分离器，经两级旋风分离器分出携带的大部分催化剂，烟气经集气室和双动滑阀排入烟筒（或去能量回收系统），回收的催化剂经两级料腿返回床层。

烧焦产生的再生烟气温度很高，而且含有 5%~10% 的 CO，为了利用其热量，不少装置设有 CO 锅炉，利用再生烟气来产生水蒸气。对于操作压力较高的装置，常常还设有烟气能量回收系统，利用再生烟气的热能和压力做功，驱动主风机以节约电能。

在生产过程中，少量催化剂细粉随烟气排入大气或（和）进入分馏系统随油浆排出，造成催化剂的消耗。为维持反应-再生系统的催化剂藏量，需要定期向系统补充新鲜催化剂。即使是催化剂损失很低的装置，由于催化剂老化减活或受重金属的污染，也需要放出一些催化剂，补充一些新鲜催化剂以维持系统内平衡催化剂的活性。在置换催化剂及停工时则要从系统内卸出催化剂。为此，装置内通常设两个催化剂储罐，并配备加料和卸料系统。装卸催化剂时采用稀相输送的方法，输送介质为压缩空气。

保证催化剂在两器间按正常流向循环以及再生气有良好的流化状况是催化裂化装置的技术关键，除设计时准确无误外，正确操作也非常重要。反应再生系统的主要控制手段有：由气压机入口压力调节汽轮机转速控制富气流量以维持沉降器顶部压力恒定；催化剂在两器间循环是由两器压力平衡决定的，通常情况下，根据两器压差（0.02~0.04 MPa），由双动滑阀控制再生气顶部压力；根据提升管反应器出口温度控制再生滑阀开度调节催化剂循环量；根据系统压力平衡要求由待生滑阀控制汽提段位高度；依据再生器稀密相温差调节主风放空量（称为微调放空），以控制烟气中的氧含量，预防发生二次燃烧。除此之外，还有一套比较复杂的自动保护系统以防发生事故。

（2）分馏系统

分馏系统的作用是将反应-再生系统的产物进行初步分离，得到部分产品和半成品。典型的催化裂化分馏系统如图 4-15 所示。

由反应-再生系统来的高温油气进入催化分馏塔下部，经装有挡板的脱过热段后进入分

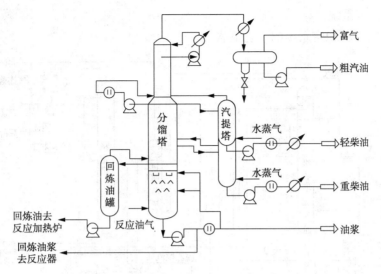

图 4-15　催化裂化分馏系统工艺流程

馏段，经分馏后得到富气、粗汽油、轻柴油、重柴油、回炼油和油浆(塔底抽出的带有催化剂细粉的渣油)。富气和粗汽油去吸收稳定系统；轻、重柴油经汽提、换热或冷却后出装置；回炼油返回反应-再生系统进行回炼；油浆的一部分送反应-再生系统回炼，另一部分经换热后循环回分馏塔(也可将其中一部分冷却后送出装置)。将轻柴油的一部分经冷却后送入再吸收塔作为吸收剂(贫吸收油)，吸收了 $C_3$、$C_4$ 组分的轻柴油(富吸收油)再返回分馏塔。为了取走分馏塔的过剩热量以使塔内气、液负荷分布均匀，在塔的不同位置分别设有 4个循环回流；顶循环回流、一中段回流、二中段回流和油浆循环回流。

与一般油品分馏塔比较，催化裂化分馏塔有以下几个特点：

① 进料是460℃以上的带有催化剂粉末的过热油气，因此必须先把油气冷却到饱和状态，并洗下夹带的粉尘以便进行分馏和避免堵塞塔盘。为此，催化裂化分馏塔的底部设有脱过热段，其中装有约 10 块人字形挡板，由塔底抽出的油浆经冷却后返回人字形挡板的上方，与由塔底上来的油气逆流接触，一方面使油气冷却至饱和状态，另一方面也洗下油气夹带的粉尘。循环油浆带出的热量很大，应当予以利用。

② 全塔剩余热量大而且产品的分离精度要求比较容易满足，因此一般设计中段循环回流取热。以处理量为 $120×10^4 t/a$ 的催化裂化装置为例，其分馏塔的剩余热量达 $25000×10^4$ kJ/h 左右。多数情况下，四个循环回流取热的分配大致如下：顶循环回流 ~20%、中段回流 ~40%。当产品方案改变时，各回流取热的分配比例会随着变化。

由于中段循环回流和循环油浆的取热比例大，引起塔的下部负荷大而上部负荷小，因此，一般塔的上部都缩径。

③ 塔顶多用顶循环回流而不用塔顶冷回流，或塔顶冷回流只作为备用辅助手段。这是因为，进入分馏塔的油气带有相当数量的惰性气体和不凝烃气(在塔顶冷凝器的操作条件下)，它们会影响塔顶冷凝冷却器的效果，采用顶部循环回流可以避免惰性气体和不凝气的影响。循环回流抽出温度较高，传热温差较大，因此采用顶循环回流代替塔顶冷回流时可以减小传热面积和降低水、电的消耗。采用循环回流可减少塔顶流出的油气量，从而降低分馏塔顶至气压机入口的压力降，使气压机入口压力提高，可降低气压机的动力消耗。

（3）吸收稳定系统

图 4-16 是吸收-稳定系统的工艺流程。

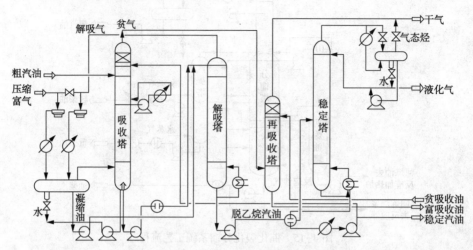

图 4-16 催化裂化吸收-稳定系统工艺流程

如前所述，催化裂化生产过程的主要产品是气体、汽油和柴油，其中气体产品包括干气或液化石油气，干气作为本装置燃料气烧掉；液化石油气是宝贵的石油化工原料和民用燃料。所谓吸收稳定，目的在于将来自分馏部分的催化富气中 $C_2$ 以下组分与 $C_3$ 以上组分分离以便分别利用，同时将混入汽油中的少量气体烃分出，以降低汽油的蒸气压，保证符合商品规格。

吸收-稳定系统包括吸收塔、解吸塔、再吸收塔、稳定塔及相应的冷换热设备。

吸收塔和解吸塔的操作压力为（1~2）MPa。由分馏系统从油气分离器来的富气经气压机升压、冷却并分出凝缩油后，压缩富气由底部进入吸收塔；稳定汽油和粗汽油作为吸收油由塔顶进入，吸收了 $C_3$、$C_4$（同时也吸收了部分 $C_2$）的富吸收油由塔底抽出送至解吸塔顶部。吸收是放热过程，为了维持较低的操作温度以利于吸收，吸收塔设有 1~2 个中段循环回流。吸收塔顶出来的贫气中夹带有汽油，经再吸收塔，用轻柴油回收其中的汽油组分后，作为干气被送至瓦斯管网。吸收了汽油的轻柴油由再吸收塔底抽出返回分馏塔。

富吸收油中含有 $C_2$ 组分，不利于稳定塔的操作。解吸塔的作用就是将富吸收油中的 $C_2$解吸出来。富吸收油和凝缩油（$C_3$、$C_4$ 和轻汽油组分）由塔顶进入，塔底有再沸器供热。塔顶出来的解吸气除含有 $C_2$ 外，还有相当数量的 $C_3$、$C_4$，经冷却，与压缩富气混合进入中间罐，重新平衡后又送入吸收塔。塔底为脱乙烷汽油。脱乙烷汽油中的 $C_2$ 含量应严格限制，否则带入稳定塔过多的 $C_2$ 会恶化稳定塔塔顶冷凝冷却器的效果，同时也由于排出不凝气而损失 $C_3$、$C_4$。

稳定塔实质上是个精馏塔，操作压力一般为 1~1.5MPa。脱乙烷汽油由塔的中部进入，塔底产品是蒸气压合格的稳定汽油，塔顶产品是液化气。为了控制稳定塔的操作压力，有时要排出部分不凝气或称气态烃，它主要是 $C_2$ 和夹带的 $C_3$、$C_4$。

液化气是重要的化工原料和民用燃料，努力提高液化气的产率也是催化裂化装置的一项重要任务。从国内一些装置的生产情况来看，在吸收-稳定系统，提高 $C_3$ 回收率的关键在于减少干气中的 $C_3$ 含量（提高吸收率、减少气态烃的排放），而提高 $C_4$ 回收率的关键在于减少稳定汽油中的 $C_4$ 含量（提高稳定深度）。

上面介绍的流程中，吸收塔和解吸塔是分开的，它的优点是 $C_3$、$C_4$ 的吸收率较高而脱乙烷汽油里 $C_2$ 含量较低。另一种流程是吸收塔和解吸塔合成一个整塔，上部为吸收段、下部为脱吸段。由于吸收和解吸两个过程要求的条件不一样，在同一个塔内比较难做到同时满足，因此，在这种流程里，$C_3$、$C_4$ 吸收率较低或脱乙烷汽油的 $C_2$ 含量较高。这种单塔流程的优点是设备较简单，比双塔流程少用一台富吸收油泵、富气冷却器，中间罐也会小一些。

以上主要介绍了高低并列式提升管流化催化裂化的工艺流程。实际上，对于各种形式的催化裂化装置，其分馏系统和吸收-稳定系统基本上是一样的，只是反应-再生系统的流程有所不同。

（4）烟气能量回收系统

从再生器出来的高温烟气经高效旋风分离器分出其中的催化剂，使粉尘含量降低到 $0.2g/m^3$ 烟气以下，然后通过调节蝶阀进入烟气透平膨胀做功，使再生烟气的动能转化为机械能，驱动主风机转动，供再生所需空气。开工时无高温烟气，主风机由辅助电动机或蒸汽透平带动。正常操作时如烟气透平功率带动主风机尚有剩余时辅助电动机可以作为发电机，向配电系统输出电功率。烟气经膨胀透平后温度、压力虽都有降低，但仍含有大量的化学能和显热能，故需经切断蝶阀和水封罐进入 CO 锅炉，所产生的蒸汽可供蒸汽透平或装置内外其他部分使用。如果装置是完全再生过程，烟气中 CO 含量可降低至 500ppm 以下，则无化学能回收，这时 CO 锅炉可改为废热锅炉，只回收显热能。为了操作灵活、安全，另设有一条辅线，使从旋风分离器出来的烟气可根据需要直接进烟囱或经 CO 锅炉后再进入烟囱。再生器的压力则主要由该线路上的双动滑阀控制。

### 4.4.3 反应-再生系统的型式

目前我国的催化裂化反应-再生系统可分为两大类型：使用无定形硅酸铝催化剂的床层裂化反应和使用分子筛催化剂的提升管反应。由于分子筛催化剂明显的优越性，目前新建的催化裂化装置几乎都采用分子筛催化剂，并相应地采用提升管催化裂化技术。

（1）床层催化裂化

最具有代表性的是Ⅳ型催化裂化装置，如图 4-17 所示。其特点是：

① 整个反应器分为稀相段、密相段和汽提段三部分，原料油经喷嘴喷入稀相提升管，在其中与催化剂接触发生裂化反应。由于系采用活性不太高的无定形催化剂，加上稀相提升管长度较短，大部分反应在床层密相段完成。

② 两器框架标高相同，再生器和反应器的总高度相近，操作压力相近，装置总高度较低。

③ 用较长的内溢流管保证再生器内催化剂的料面，用增压风的流量调节催化剂循环量。

④ 催化剂采用 U 形管密相输送，U 形管同时还起到防止空气或反应油气倒流的料封作用。

（2）提升管催化裂化

分子筛催化剂的活性很高，如果在流化床层中进行裂化反应，则由于油气在密相床层中停留时间过长，返混严重，必然会引起过多的二次反应，结果使轻质油产率降低，焦炭产率增大。使用分子筛催化剂时，裂化反应时间只需 1～4s。采用提升管式反应器可以严格控制反应时间，而且气-固混合物在提升管中高速流动，接近平推流而大大减少返混，从而减少了二次反应，使分子筛催化剂的高活性和高选择性的优点得以充分发挥。

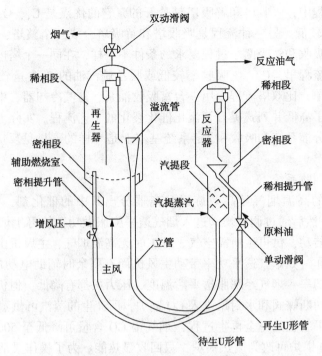

图 4-17　Ⅳ型床层催化裂化

　　提升管反应器的类型有高低并列式、同轴式以及由高低并列式改造而成的提升管反应装置，近几年还出现了两段提升管催化裂化技术。前面已介绍过高低并列式提升管反应再生系统（图 4-14），这里再介绍同轴式提升管反应-再生系统。

　　图 4-18 是凯洛格公司同轴式反应-再生系统。其特点是沉降器和再生器同轴叠置，采用塞阀调节催化剂循环量。原料油与再生剂以 8～18m/s 的线速向上流经提升管反应器，在提升管出口处，油气与催化剂快速分离。反应油气经旋风分离器后离开沉降器，催化剂向下流动经汽提段后进入下面的再生器。这里的再生器采用两段再生技术。从国内的同轴式催化裂化装置的实际操作情况来看，这种装置操作平稳、易于调节，塞阀的磨损并不严重。也有一些同轴式催化裂化装置，催化剂的循环量采用单动滑阀调节，例如埃索公司的提升管催化裂化装置（图 4-19）。

　　图 4-20 为 TOTAL 过程反应再生系统，它是针对重油催化裂化而产生的一种形式，采用的是两段裂化技术：第一段是为了脱碳和脱除重金属，使用低活性催化剂。第一段生成油再进入第二段进行催化裂化。此装置可以处理劣质原料，特别是残炭值很高的重质油品，如常底重油。在上述过程中，第一段实际上是预处理过程。

　　中国石油大学（华东）等单位历时 8 年的攻关，研究开发出两段提升管催化裂化（TSRFCC）新技术，目前已在 8 套大中型催化裂化装置应用中获得成功。TSRFCC 是一项具有突出创新性的催化裂化工艺技术，该技术打破了原有提升管反应器形式和反应再生系统流程，用两段串联的提升管反应器取代原有提升管反应器，构成具有两路催化剂循环的新的反应再生系统流程，实现了催化剂接力、分段反应、短反应时间、大剂油比等功能，提高了催化剂的总体活性、选择性及有效利用率，从而强化了过程的催化作用，有利于企业提高产品收率、提高柴汽比、实现燃油质量升级、提高经济效益。

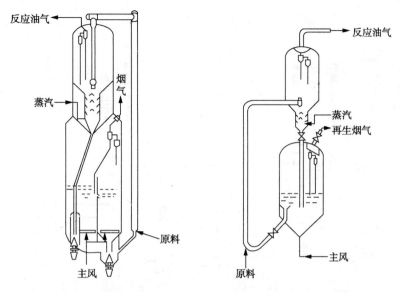

图 4-18　凯洛格公司同轴式催化裂化　　图 4-19　埃索公司同轴式催化裂化

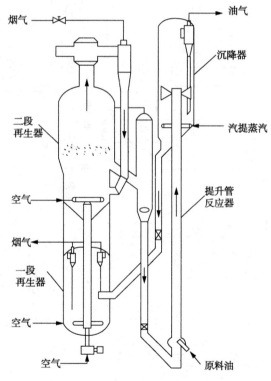

图 4-20　TOTAL 过程反应-再生系统

### 4.4.4　典型催化裂化工艺流程举例

图 4-21 和图 4-22 为山东某石化集团的催化裂化流程，该流程的特点是：

① 反应-再生系统采用两段提升管催化裂化技术，新鲜原料进入一段提升管反应器进行反应，回炼油、回炼油浆及回炼粗汽油进入二段提升管反应器。

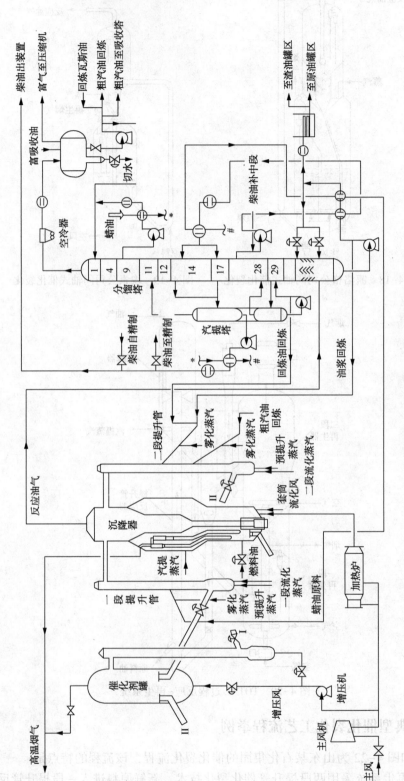

图4-21　山东某石化公司催化裂化反应—再生及分馏系统流程图

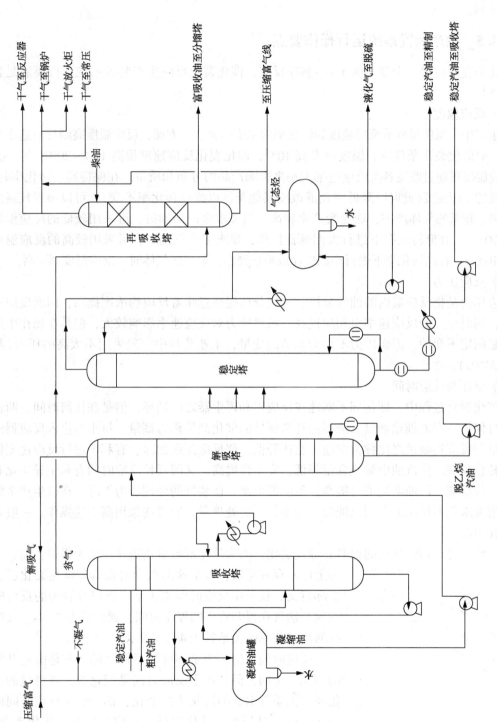

图4-22 山东某石化公司催化裂化吸收—稳定系统流程图

② 吸收过程为两级串联的吸收塔，一级吸收塔采用粗汽油和稳定汽油作为吸收剂，二级吸收塔采用柴油作为吸收剂。

③ 自解吸塔底出来的脱乙烷汽油按照其性质不同，可从不同位置进入稳定塔，也可多股同时进料。

### 4.4.5 生产装置系统运行操作要点

催化裂化反应是一个复杂的平行-顺序反应，催化裂化反应生产装置系统运行要满足各种工艺条件。

（1）反应温度

在生产中，温度是调节反应速度和转化率的主要因素。一方面，反应温度高则反应速率增大，在一般催化裂化条件下，温度每升高10℃，催化裂化反应速度提高10%~20%；另一方面，反应温度可通过改变各类反应速率大小来影响产品的分布和质量。在保持同一转化率时，使用较低的反应温度(此时应降低空速或改变其他条件以维持转化率不变)，可以得到较高的汽油产率、较低的气体产率，而焦炭产率较高。当要求多产柴油时，可采用较低的反应温度(460~470℃)，在低转化率下进行大回炼比操作；要求多产汽油时，可采用较高的反应温度(500~510℃)，在高转化率下进行小回炼比或单程操作；要多产气体时，反应温度则更高。

（2）反应压力

反应压力是指反应器内的油气分压，油气分压提高意味着反应物浓度提高，因而反应速度加快，同时生焦的反应速率也相应提高。虽然压力对反应速率影响较大，但是在操作中压力一般是固定不变的，因而压力不作为调节的变量，工业装量中一般采用不太高的压力(约0.1~0.3MPa)。

（3）空速与反应时间

在催化裂化过程中，催化剂不断地在反应器和再生器之间循环，但是在任何时间，两器内都各自保持一定的催化剂量。两器内经常保持的催化剂量称为藏量。每小时进入反应器的原料油量与反应器藏量之比称为空速。空速降低，使反应深度加深，有利于进行反应速度较慢的氢转移反应。使汽油中烯烃含量降低，安定性提高，又因延长反应时间有利于异构化和环烷脱氢等反应，汽油辛烷值可提高。但降低空速，使装置的处理能力下降，在以生产辛烷值和碘值要求均不过高的车用汽油时，为维持一定处理量，装置均采用高中速操作。一般采用空速在$10h^{-1}$以上。

对于使用分子筛催化剂的提升管催化裂化，因为催化剂数量比流化床要少得多，而且实际上已不存在床层，故空速的概念对提升管催化裂化已无实际意义，仅采用反应时间来表示。在提升管中的反应时间就是油气在提升管中的停留时间，通常约为2~4s。反应时间与转化率的关系如图4-23所示。

反应时间在生产中是不可任意调节的。它是由提升管的容积决定的，但生产中反应时间是变化的，进料量的变化及其他条件引起的转化率的变化，都会引起反应时间的变化。反应时间短，转化率低；反应时间长，转化率高。过长的反应时间会使转化率过高，汽油、柴油的收率反而下降，液态烃中的烯烃饱和。

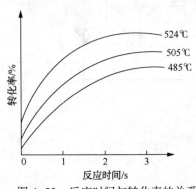

图4-23　反应时间与转化率的关系

（4）剂油比（C/O）

剂油比是单位时间内进入反应器的催化剂量（催化剂循环量）与总进料量之比。剂油比反映了单位催化剂上有多少原料进行反应并在其上积炭。因此，提高剂油比，则催化剂上积炭少，催化剂活性下降小，转化率增加。但催化剂循环量过高将降低再生效果，见表4-5。在实际操作中剂油比是一个因变参数，一切引起反应温度变化的因素，都会相应地引起剂油比的改变。改变剂油比最灵敏的方法是调节再生催化剂的温度和调节原料预热温度。

表4-5　剂油比与转化率和产品产率的关系

| 剂油比 | | 5.3 | 10.0 |
|---|---|---|---|
| 反应温度/℃ | | 480 | 480 |
| 产品产率/%（质量） | $C_1 \sim C_4$ | 14.5 | 17.0 |
| | 汽油 | 44.3 | 46.8 |
| | 轻柴油 | 14.7 | 14.6 |
| | 重油 | 23.0 | 15.9 |
| | 焦炭 | 2.0 | 2.8 |
| | 损失 | 0.7 | 1.7 |
| 转化率/%（质量） | | 62.3 | 69.5 |

（5）回炼比

回炼比虽不是一个独立的变量，但却是一个重要的操作条件。在操作条件和原料性质大体相同情况下，增加回炼比则转化率上升，汽油、气体和焦炭产率上升，但处理能力下降；在转化率大体相同的情况下，若增加回炼比，则单程转化率下降，轻柴油产率有所增加，反应深度变浅，见表4-6。

表4-6　回炼比与转化率和产品产率的关系

| 项　目 | | 序　号 | | | |
|---|---|---|---|---|---|
| | | 1 | 2 | 3 | 4 |
| 回炼比 | | 1.0 | 1.36 | 1.85 | 0.9 |
| 转化率/%（质量） | | 64.5 | 71.6 | 61.27 | 64.22 |
| 产品分布/%（质量） | 干气 | 2.8 | 3.0 | 5.38 | 4.01 |
| | 液化气 | 10.9 | 12.7 | 8.51 | 9.51 |
| | 汽油 | 44.2 | 48.3 | 42.37 | 45.42 |
| | 轻柴油 | 20.4 | 22.4 | 38.73 | 35.78 |
| | 焦炭+损失 | 6.6 | 7.6 | 5.01 | 5.28 |
| 单程转化率/%（质量） | | | | 21.49 | 33.80 |

反之，回炼比太低，虽处理能力较高，但轻质油总产率仍不高。因此，增加回炼比，降低单程转化率是增产柴油的一项措施。但是，增加回炼比后，反应所需的热量大大增加，原料预热炉的负荷、反应器和分馏塔的负荷会随之增加，能耗也会增加。内此，回炼比的选取要根据生产实际综合选定。

（6）再生催化剂含炭量

再生催化剂含炭量是指经再生后的催化剂上残留的焦炭含量。对分子筛催化剂来说，裂化反应生成的焦炭主要沉积在分子筛催化剂的活性中心上，再生催化剂含炭过高，相当于减少了催化剂中分子筛的含量，催化剂的活性和选择性都会下降，因而转化率大大下降，汽油产率下降，溴价上升，诱导期下降。

# 4.5 其他石油加工流程简介

## 4.5.1 催化重整

"重整"是指烃类分子重新排列成新的分子结构。在有催化剂作用的条件下对汽油馏分进行重整叫做催化重整。采用铂催化剂的通常叫铂重整；采用铂铼催化剂或多金属催化剂的通常叫铂铼重整或多金属重整。催化重整是石油加工工业的主要工艺过程之一。

在催化重整过程中，发生环烷脱氢、烷烃环化脱氢等生成芳烃的反应以及烷烃的异构化、加氢裂化等反应，这些反应都会使汽油的辛烷值提高。其中最主要的反应是芳构化反应，因此在重整生成油中，苯、甲苯、二甲苯及较大分子的芳烃含量很高，使得催化重整也成为生产芳烃的重要手段。由于重整中的脱氢反应，催化重整还会生产纯度很高的副产品——氢气，是炼厂获得廉价氢气的重要来源。现代重整的另一个新的用途是用来生产液化气，采用特定的催化剂可使液化气产率提高45%（体积）。

（1）生产过程简介

催化重整装置一般包括四个部分：

① 原料油预处理部分 原料的预处理包括预分馏、预脱砷和预加氢三部分。预分馏的作用是切除原料油中≤$C_6$的轻组分，同时脱除原料油中的部分水分；预脱砷采用钼酸镍催化剂，可将原料中的含砷量降到100ppb（1ppb = $10^{-9}$）以下；预加氢的目的是除去原料油中能使催化剂中毒的的毒物，如砷、铅、铜、汞、铁和氧、氮、硫等，使这些毒物的含量降至允许的范围以内，同时还使烯烃饱和以减少催化剂的积炭，从而延长操作周期。原料油经过预处理后，可以得到馏分范围、杂质含量都合乎要求的重整原料。

② 重整部分 催化重整是以$C_6 \sim C_{11}$石脑油馏分为原料，在一定的操作条件和催化剂的作用下，烃分子发生重新排列，使环烷烃和烷烃转化成芳烃或异构烷烃，同时产生氢气的过程。重整反应深度决定于原料油的性质、催化剂的性能和操作的苛刻度。

③ 芳香烃抽提部分 重整生成油是芳烃和非芳烃的混合物，为了取得高纯度的芳烃，必须将芳烃从重整油中分离出来。工业上广泛采用抽提（即萃取）的方法，即采用某种对芳烃与非芳烃溶解度不同的化学溶剂将所需要的芳烃抽提出来。常用的溶剂有二乙二醇醚、三乙二醇醚和环丁砜等。

④ 芳烃分离部分 抽提出来的混合芳烃用精馏的方法切割成苯、甲苯、混合二甲苯等化工产品，抽余油（非芳烃）可切割成不同规格的溶剂油或作裂解乙烯的原料，或作汽油组分。

（2）典型工艺流程

① 原料的预处理工艺流程

图4-24为重整原料预处理的流程，原料石脑油用泵抽入装置，经与预分馏塔底物料换热后进入预分馏塔。预分馏塔一般在0.3MPa左右的压力下操作，塔顶温度为60~75℃，塔底温度为140~180℃。

预分馏塔顶物料经冷凝冷却后进入回流罐。回流罐顶气体送往燃料气管网，冷凝液体一部分作塔的回流，一部分送出装置作汽油调和组分。预分馏塔设有重沸器（或重沸炉），塔底物料一部分在重沸器内用蒸汽或热载体加热后返回塔底，为预分馏塔补充热量；一部分用

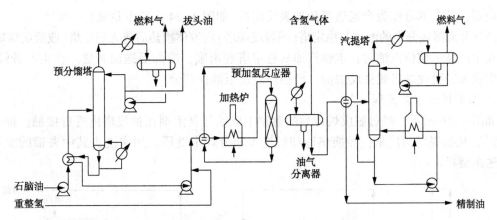

图 4-24　催化重整装置预处理流程示意图

泵从塔底抽出，与预分馏塔进料换热后，去预加氢部分，在与重整产生的氢气混合后与预加氢产物换热，并经加热炉加热后进入预加氢反应器。预加氢所用氢气来自重整部分。

反应产物从反应器底出来与进料换热，冷却后进入油气分离器。从油气分离器分出的含氢气体送出装置，供其他加氢装置使用，液体与汽提塔底物料换热后进入汽提塔。

汽提塔一般在 0.8~0.9MPa 压力下操作。塔顶温度为 85~90℃，塔底温度为 185~190℃，塔顶物料经冷凝冷却后打回塔顶作回流。水分从回流罐底的分水斗内排出。含 $H_2S$ 的气体从回流罐顶分出，一般送入燃料气管网。

汽提塔底用重沸炉或重沸器加热。脱除硫化物、氮化物和水分后的塔底物料(精制油)，与塔进料换热后作重整进料。

② 重整部分工艺流程

如图 4-25 所示，石脑油经过预处理精制后作为重整部分进料，从泵出来先与循环氢混合，然后进入换热器与反应产物换热。经加热炉加热后进入反应器。反应器为绝热式，一般设置 3~4 个。由于重整是吸热反应，物料经过反应以后温度降低，为了保持足够高的反应温度，每个反应器之前都设有加热炉，最后一个反应器出来的物料，部分与进料换热，部分作为稳定塔底重沸器的热源，然后再经冷却后进入油气分离器。

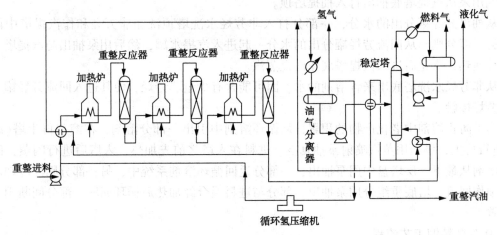

图 4-25　重整部分流程示意图

从油气分离器顶分出的气体大部分用循环氢压缩机压送，与重整原料混合后重新进入重整反应器，其余部分作为产氢送至预加氢反应器(如图4-24中的重整氢)。

油气分离器底分出的液体与稳定塔(或脱戊烷塔)底液体换热后进入稳定塔(或脱戊烷塔)。

在生产高辛烷值汽油时，重整汽油从稳定塔底出来，冷却后送出装置。在生产芳烃时，重整生成油经脱戊烷塔脱去戊烷油，经换热后送至抽提部分。

③ 溶剂抽提工艺流程

如图4-26所示，经过脱戊烷以后的重整生成油与贫溶剂在抽提塔内进行接触，抽余油(非芳烃)从抽提塔顶出来，经换热冷却后进入非芳烃水洗塔，用水洗去其中夹带的少量溶剂后送出装置。

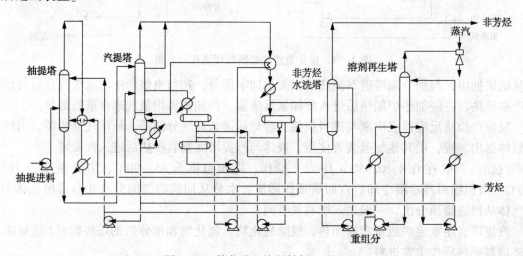

图4-26 催化重整溶剂抽提工艺流程

富溶剂从抽提塔底出来，经调节阀降压后进入汽提塔顶，从汽提塔顶蒸出的回流芳烃冷凝后进入回流芳烃罐，在罐内回流芳烃与汽提水进行分离，回流芳烃用泵抽出，经换热后打入抽提塔底以提高芳烃抽提的选择性。

从汽提塔侧抽出的芳烃经冷凝后进入抽出芳烃罐，然后用泵送往芳烃精馏部分。

汽提塔底设有重沸器，用热载体加热，同时往塔内通入水蒸气，进行汽提，脱去芳烃的贫溶剂用泵从汽提塔底抽出打入抽提塔顶。

从抽出芳烃罐分出的水分，一部分打入非芳烃水洗塔顶洗涤非芳烃和作汽提塔中段回流，另一部分则与从回流芳烃罐分出的水分一起进入汽提水罐，然后用泵抽出与汽提塔顶回流芳烃换热，汽化后进入汽提塔底作汽提蒸汽。

从非芳烃水洗塔底出来含溶剂的水，因可能含有少量非芳烃，使其进入回流芳烃罐，与回流芳烃接触。

为了防止溶剂中老化产物的积累，从循环溶剂中引出一部分溶剂，在溶剂再生塔(减压塔)进行再生，塔顶用蒸汽喷射泵抽真空。进料在入塔之前先加热，入塔后进行闪蒸，闪蒸后的溶剂从最下一层塔盘中用泵抽出，一部分返回循环溶剂系统中，另一部分则经冷却后打回塔顶作回流，塔底重组分用泵抽出，部分与进料混合经加热后循环回塔，部分间断用泵送出装置。

④ 芳烃精馏工艺流程

如图4-27所示，混合芳烃先经换热和加热后进入白土塔，通过白土吸附以除去其中的不饱和烃。从白土塔底出来的混合芳烃与进料换热后进入苯塔，苯塔塔顶物料冷凝后进入回流罐，然后用泵打回塔内作回流，由于此物料中可能含有少量轻质非芳烃，有时往抽提进料罐中排出一部分去进行抽提以保证苯产品的质量。苯产品从苯塔侧线抽出，经冷却后送出装置作产品。苯塔塔底用重沸器加热，塔底产品用泵打入甲苯塔中，甲苯塔顶物料冷凝后除一部分打回塔内作回流外。多余部分送出装置作甲苯产品，甲苯塔底用重沸器加热。

甲苯塔底物料用泵送至二甲苯塔，二甲苯塔顶物料除打回流外，多余部分作混合二甲苯产品，塔底也用重沸器加热，塔底产品为重芳烃，经冷却后送出装置。

目前我国芳烃精馏的工艺流程有两种，一种是三塔流程(图4-27)，用来生产苯、甲苯、混合二甲苯和重芳烃；另一种是五塔流程，用来生产苯、甲苯、邻二甲苯、乙基苯和重芳烃，五塔流程除苯塔、甲苯塔和二甲苯塔外，还设有邻二甲苯塔和乙基苯塔。

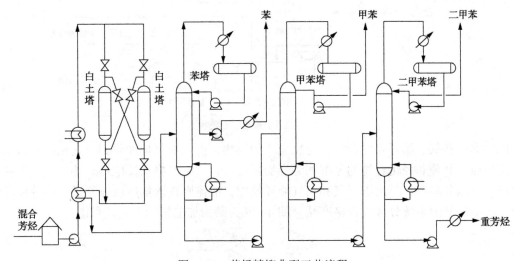

图4-27　芳烃精馏典型工艺流程

## 4.5.2　催化加氢

催化加氢是指石油馏分在氢气存在下催化加工过程的通称，按照生产目的划分有：加氢精制、加氢裂化、临氢降凝、润滑油加氢等。

加氢精制是在氢气存在的条件下使油品中的有机含硫、含氮化合物以及金属有机化合物发生氢解，从而达到精制的目的。加氢精制的原料有重整原料、汽油、煤油、柴油、各种中间馏分油、重油以及渣油。

加氢裂化实质上是催化加氢与催化裂化这两种反应的有机结合，具有产品灵活的特点，采用不同催化剂和操作方案，用不同原料可以有选择地生产液化石油气、石脑油、喷气燃料以及柴油等多种优质产品。

临氢降凝或称催化脱蜡，采用具有择形性能的分子筛催化剂生产低凝柴油。

润滑油加氢是使润滑油的组分发生加氢精制和加氢裂化等反应，使一些非理想组分结构发生变化，以达到脱除杂原子、使部分芳烃饱和并改善润滑油的使用性能的目的。

这里只简要介绍加氢精制和加氢裂化的工艺概况。

(1) 加氢精制工艺流程

我国馏分油加氢精制，主要有二次加工汽、柴油的精制和含硫、芳烃高的直馏煤油馏分的精制。在工艺流程上，除个别原料油需要采用两段加氢外，一般典型加氢精制工艺流程如图4-28所示。

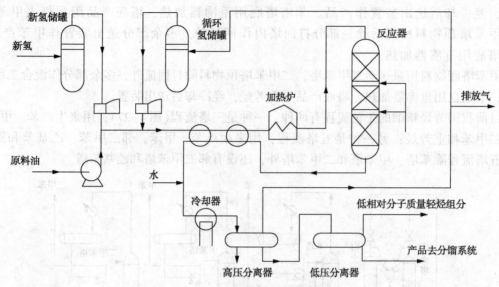

图4-28　加氢精制典型工艺流程图

原料油和新氢、循环氢混合后，与反应产物换热，再经加热炉加热到一定温度进入反应器，完成硫、氮等非烃化合物的氢解和烯烃加氢反应。反应产物从反应器底部导出，经换热冷却进入高压分离器，分出不凝气和氢气循环使用，液体则进入低压反应器进一步分离轻烃组分，产品去分馏系统分馏成合格产品。图4-29为柴油加氢精制工艺流程图。

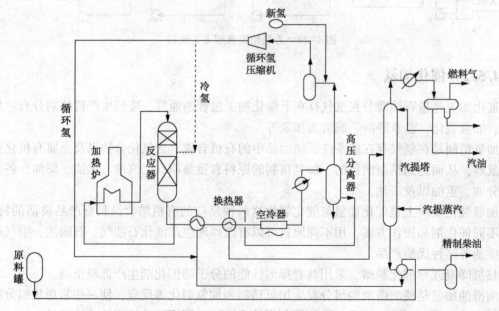

图4-29　柴油加氢精制工艺流程

（2）加氢裂化工艺流程

加氢裂化装置基本上按两种流程操作：一段加氢裂化和两段加氢裂化。一段流程中还包括两个反应器串联在一起的的串联法加氢裂化流程。以下分别简要介绍：

86

① 一段加氢裂化

一段加氢裂化流程用于由粗汽油生产液化气，由减压蜡油、脱沥青油生产航煤和柴油。工艺流程图如图 4-30 所示。

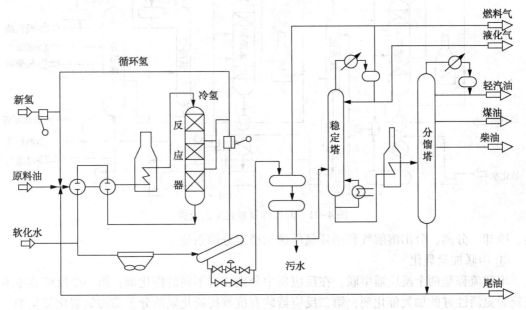

图 4-30  一段加氢裂化工艺流程

原料油经泵升压后与新氢及循环氢混合，再与高温加氢生成油换热后进入加热炉，然后再进入反应器。为了控制反应温度，向反应器分层注入冷氢。反应产物经与原料换热后降温，再经冷却，进入高压分离器。反应产物进入空冷器之前注入软化水以溶解其中的 $NH_3$、$H_2S$ 等，以防水合物析出而堵塞管道。自高压分离器顶部分出循环气，经循环氢压缩机升压后，返回反应系统循环使用。自高压分离器底部分出生成油，经减压系统减压后进入低压分离器，在低压分离器中将水脱出，并释放出部分溶解气体，作为富气送出装置，可以作为燃料气用。生成油经加热送入稳定塔，在一定压力下分离出液化气，塔底液体经加热炉加热后送入分馏塔；最后得到轻汽油、航空煤油、低凝柴油和塔底油(尾油)。尾油可一部分或全部作循环油，与原料油混合再去反应。

② 两段加氢裂化

两段加氢裂化对原料的适用性大，操作灵活性大。原料首先在第一段(精制段)用加氢活性高的催化剂进行预处理，处理之后的生成油作为第二段的进料，在裂解活性比较高的催化剂上进行裂化反应和异构化反应，最大限度地生产汽油或中间馏分油。两段加氢裂化流程适合于处理高硫、高氮减压蜡油、催化循环油、焦化蜡油，或这些油的混合油，亦即适合处理一段加氢裂化难处理或不能处理的原料。如图 4-31 所示，为两段加氢裂化的工艺流程。

原料油经高压油泵升压与循环氢及新氢混合后首先与生成油换热，然后在加热炉中加热至反应温度，进入第一段加氢精制反应器，在加氢活性高的催化剂上进行脱硫、脱氮反应，原料中的微量金属也被脱掉。反应生成物经换热、冷却后进入高压分离器，分出循环氢。生成油进入脱氮(硫)塔，脱去 $NH_3$ 和 $H_2S$，作为第二段加氢裂化反应器的进料。在脱氮塔中用氢气吹掉溶解气、氮和硫化氢。第二段进料与循环氢混合后，进入第二段加热炉加热至反应温度，在装有高酸性催化剂的第二段加氢裂化反应器内进行裂化反应，反应生成物经换

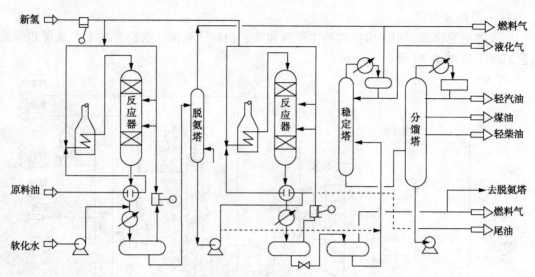

图 4-31　两段加氢裂化工艺流程

热、冷却、分离，分出溶解气和循环氢后送至稳定分馏系统。

③ 串联加氢裂化

串联流程是两个反应器串联，在反应器中分别装有不同的催化剂：第一个反应器中装有脱硫脱氮活性好的加氢催化剂，第二反应器装有抗氨抗硫化氢的分子筛加氢裂化催化剂。除此之外，其他部分与一段加氢裂化流程相同，如图 4-32 所示。与一段加氢裂化相比，串联流程的优点在于：只要通过改变操作条件，就可以最大限度地生产汽油、航空煤油和柴油。

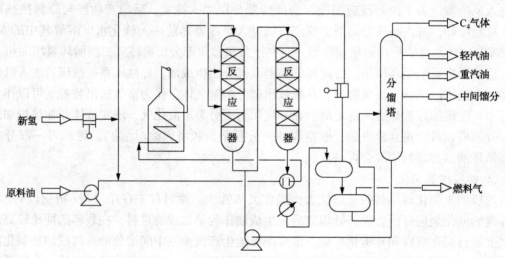

图 4-32　串联法加氢裂化工艺流程

### 4.5.3　焦炭化

在炼油工业中，热加工是指单纯靠热的作用，将重质原料油转化成气体、轻质油、燃料油或焦炭的一类工艺过程。我国炼油厂的热加工主要有热裂化、减黏裂化和焦炭化。热裂化是以石油重馏分或重、残油为原料生产汽油和柴油的过程；减黏裂化是重质黏稠减压渣油经过浅度热裂化降低黏度，使之可少掺或不掺轻质油而达到燃料油质量要求的一种热加工工艺；焦炭化(简称焦化)是将渣油经深度热裂化转化为气体、轻、中质馏分油及焦炭的加工过程。在这些过程中，热裂化过程几乎已全被催化裂化所取代，减黏裂化在我国应用的很少，只有焦炭化过程仍被广泛采用，是炼油厂提高轻质油收率和生产石油焦的主要手段。本节只简要介绍焦炭化过程。

（1）典型工艺流程介绍

焦化是以贫氢重质残油(如减压渣油、裂化渣油以及沥青等)为原料，在高温(400~550℃)下进行深度裂解及缩合反应的热破坏加工过程。

各国炼油厂采用的焦化方法主要有釜式焦化、平炉焦化、延迟焦化、接触焦化和硫化焦化等五种方法，近年来，还出现了灵活焦化。图4-33为延迟焦化的流程图。延迟焦化的特点是，原料油以很高的流速在高热强度下通过加热炉管，在短时间内加热到焦化反应所需要的温度，并迅速离开炉管进到焦炭塔，使原料的裂化、缩合等反应延迟到焦炭塔中进行，以避免在炉管内大量结焦，影响装置的开工周期。

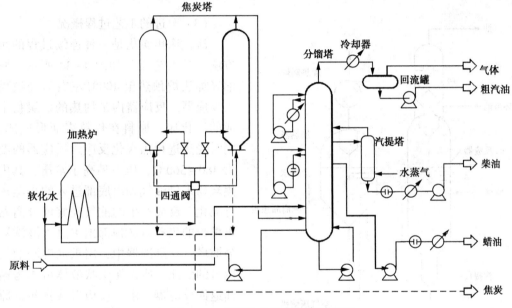

图4-33　延迟焦化装置流程示意图

延迟焦化装置的生产工艺分焦化和除焦两部分：焦化为连续式操作，除焦为间歇式操作，但整个装置仍具有全连续式操作的特点。延迟焦化装置有一炉两塔、两炉四塔，也有和其他装置直接联合的。

当原料为热减压渣油时，原料先进入原料缓冲罐，然后用原料泵抽出，经加热炉对流室的原料预热管加热到340~350℃，再进入分馏塔下部，与来自焦炭塔顶部的高温油气(430~435℃)换热，一方面把原料中的轻质油蒸发出来，同时又加热了原料(390~395℃)。原料和循环油一起从分馏塔底抽出，用热油泵打进加热炉辐射室，快速加热升温至500~505℃后进入焦炭塔底部。热渣油在焦炭塔内进行裂解、缩合等反应，最后生成焦炭。焦炭聚集在焦炭塔内，而反应生成的油气自焦炭塔顶逸出进入分馏塔，与原料油换热后，经过分馏得到气体、汽油、柴油、蜡油和循环油。

当原料是冷的减压渣油时，则原料进入装置后，先与本装置的柴油、蜡油换热，然后进入加热炉对流室升温，再进入分馏塔与焦炭塔来的油气换热。

焦炭化所产生的气体经压缩后与粗汽油一起送去吸收-稳定部分，经分离得到干气、液化气和稳定汽油。

（2）主要设备

① 焦炭塔　焦化反应主要是在焦炭塔中进行，焦炭塔实际上只是一个空的容器，它提供了反应空间使油气在其中能有足够的停留时间以进行反应。焦炭塔里维持一定的液面高度，随塔内焦炭的积聚，料面逐渐升高，当液面过高，尤其是发生泡沫现象严重时，塔内的焦沫会被油气从塔顶带走，从而引起后部管线和分馏塔的堵塞，因此一般在料面达到2/3的高度时就停止进料，从系统中切换出后进行除焦。可向塔内加入阻泡剂以减轻这种携带现象。

② 焦化分馏塔　反应产物在分馏塔中进行分馏。焦化分馏塔主要有两个特点：a. 它的底部是换热段，新鲜原料油与高温反应油气在此进行换热，同时也可把反应油气中携带的焦沫淋洗下来；b. 为避免塔底结焦和堵塞，部分塔底油通过塔底泵和过滤器不断地进行循环。

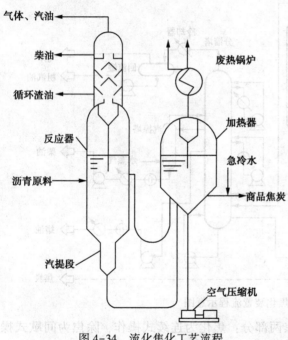

图 4-34　流化焦化工艺流程

（3）改进的工艺过程概况

流化床焦炭化是一种连续过程的焦化方法，其工艺流程如图4-34所示。原料油经加热炉预热至400℃左右后经喷嘴进入反应器。反应器内是灼热的焦炭粉末形成的流化床，原料在焦粒表面形成薄层，同时受热进行焦炭化反应。反应器的温度为480~560℃，压力稍高于常压，其中的焦炭粉末借油气和由底部进入的水蒸气进行流化。反应产生的油气经旋风分离器分出携带的焦粒后从顶部出去进入淋洗器和分馏塔。在淋洗器中，用重油淋洗油气中携带的焦沫，所得泥浆状液体可作为循环油返回反应器。由于反应形成焦炭，原来在反应器内的焦粒直径增大，部分焦粒经下部汽提段用水蒸气汽提出其中的油气后进入加热器。加热器实质上是流化床燃烧反应器，由底部进入空气使焦粒进行部分燃烧，从而使床层温度维持在590~650℃。高温的焦粒再循环回反应器起到热载体的作用，供给原料油预热和反应所需的热量。

流化焦化使过程连续化，解决了除焦问题，而且加热炉只起预热原料的作用，炉出口温度低，避免了炉管结焦，原料选择范围灵活。其缺点主要是焦炭只能作一般燃料使用，技术上比延迟焦化复杂。

为了解决低质石油焦的的销路问题，近10年来出现了灵活焦化过程，它是一种加工含硫、氮、重金属多的重质油的加工手段。其工艺过程基本上与流化焦化相似，只是多了一个流化床的汽化器。在汽化器中，空气与焦炭颗粒在高温下（800~950℃）反应产生空气煤气，把反应器所生成的95%的焦炭在汽化器中烧掉。因此，灵活焦化过程除生产焦化气体、液体外，还生产空气煤气，但不生产石油焦。图4-35是灵活焦化的工艺流程图。

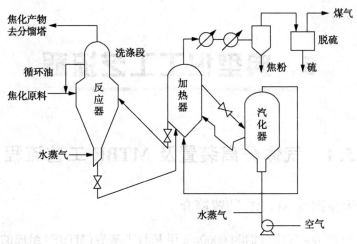

图 4-35　灵活焦化工艺流程

焦化产物去分馏塔　洗涤段　循环油　焦化原料　反应器　水蒸气　加热器　汽化器　煤气　脱硫　焦粉　硫　水蒸气　空气

# 5 典型化工工艺流程

## 5.1 气体分离装置及 MTBE 工艺流程

### 5.1.1 气体分馏及 MTBE 装置简介

该装置是由 $3×10^4$ t/a 气体分馏和 6000t/a 甲基叔丁基醚(MTBE)组成的联合装置。气体分馏装置以催化裂化精制后液化气和部分外购液化气为原料,液化气经脱丙烷塔、脱乙烷塔、精丙烯塔依次进行分离后,得到产品纯度大于 99% 的精丙烯(约 30%)。分离出 $C_2$ 及丙烯后的液化气组分作为 MTBE 的原料进入预吸附器、MTBE 反应器,在催化剂的作用下,其中的异丁烯与甲醇反应生成 MTBE。反应后的产物进入 MTBE 精馏塔分离后,塔底成品MTBE 进入 MTBE 产品罐,未反应的液化气在塔顶馏出后送入液化气罐区。装置的过程控制采用 DCS 集散型控制系统。

### 5.1.2 气分工艺流程

气分车间工艺流程图如图 5-1 和图 5-2 所示。经脱硫精制后的液化石油气进入气体分馏原料缓冲罐(V101),由脱丙烷塔进料泵(P101A/B)经脱丙烷塔进料换热器(E101)换热后,送入脱丙烷塔(T101)中部进料。乙烷、丙烷、丙烯组分由塔顶馏出,经塔顶冷凝器(L101A/B)冷凝后进入脱丙烷塔回流罐(V102),冷凝液一部分由脱丙烷塔回流泵(P102A/B)送回脱丙烷塔顶作回流,另一部分送入脱乙烷塔(T102)作为脱乙烷塔进料。脱丙烷塔底产品经水洗后送至醚化装置。

脱乙烷塔进料经进料换热器 E103(循环热水加热)进入脱乙烷塔中部,脱乙烷塔顶馏出物进入塔顶冷凝器(L102),冷凝后进入脱乙烷塔回流罐(V103),不凝气放至高压瓦斯或液化石油气产品中,冷凝液全部由脱乙烷塔回流泵(P103)送至塔顶作回流,塔底产品自压进入丙烯精馏塔(T103A)中部作为丙烯精馏塔进料。

精丙烯塔分为两个塔,即丙烯精馏塔 T103A、T103B,由于塔盘数较多,因此两塔串联操作。T103A 塔顶气相进入 T103B 塔底作为上升的气相,T103B 塔底液相经精丙烯中间泵(P104A/B)送至 A 塔顶作回流。T103B 塔顶馏出物进入精丙烯塔顶冷凝器(L103),冷凝后进入精丙烯塔顶回流罐(V104),由精丙烯塔回流泵(P105A/B)一部分送至 T103B 塔顶作回流,另一部分经精丙烯冷却器(L104)冷却后送出装置至成品罐区。T103A 塔底产品丙烷送至罐区。

脱丙烷塔底重沸器(E102)采用蒸汽加热,凝结水回收利用;脱乙烷塔底重沸器(E104)及精丙烯塔底重沸器(E105)均采用循环热水作为热源,循环冷水返回热水循环罐。热水循环罐采用蒸汽加热。

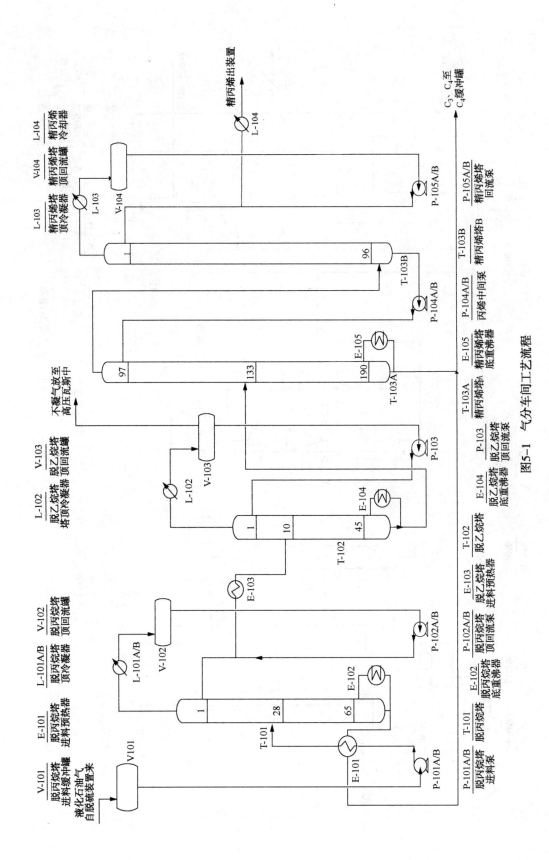

图5-1 气分车间工艺流程

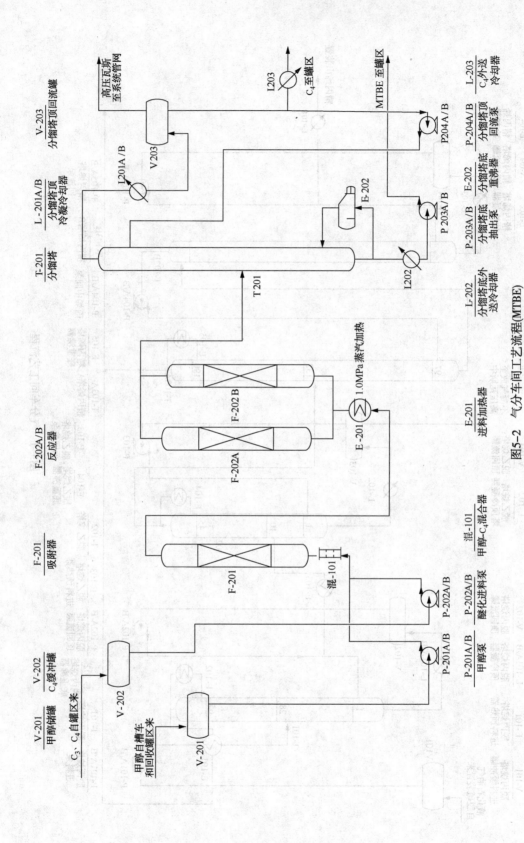

图5-2 气分车间工艺流程(MTBE)

### 5.1.3 MTBE醚化工艺流程

#### 5.1.3.1 装置概况

（1）产品简介

由于环保需要，要求降低车用汽油中苯、芳烃、硫、烯烃（尤其是戊烯）等的含量及汽油蒸气压，并要求含有一定量的氧，而其抗爆指数仍需保持较高水平。在汽油中加入醇或醚等含氧化合物是满足这些要求的主要措施之一。醚类化合物的辛烷值很高与烃类完全互溶，具有良好的化学稳定性，蒸气压不高，其综合性能优于醇类，是目前广泛采用的含氧化合物添加组分，其中使用最多的是甲基叔丁基醚（MTBE）。

（2）MTBE反应机理

① 以异丁烯和甲醇为原料合成MTBE的反应式为

$$CH_3-\underset{\underset{CH_3}{|}}{\overset{\overset{CH_3}{|}}{C}}=CH_2 + CH_3OH \longrightarrow CH_3-\underset{\underset{CH_3}{|}}{\overset{\overset{CH_3}{|}}{C}}-O-CH_3 \quad （主反应）$$

② 在合成MTBE的过程中，还同时发生少量的副反应

$$2CH_3-\underset{\underset{CH_3}{|}}{\overset{\overset{CH_3}{|}}{C}}=CH_2 \longrightarrow CH_3-\underset{\underset{CH_3}{|}}{\overset{\overset{CH_3}{|}}{C}}-CH_2-\underset{\underset{CH_3}{|}}{C}=CH_2 \quad （异辛烯）$$

$$CH_3-\underset{\underset{CH_3}{|}}{\overset{\overset{CH_3}{|}}{C}}=CH_2 + H_2O \longrightarrow CH_3-\underset{\underset{CH_3}{|}}{\overset{\overset{CH_3}{|}}{C}}-OH \quad （叔丁醇）$$

$$2CH_3OH \longrightarrow CH_3-O-CH_3（二甲基醚）$$

上述反应生成的异辛烯、叔丁醇、二甲基醚等副产品的辛烷值都不低，对产品质量没有不利影响，可留在MTBE产品中。

（3）催化剂的使用

醚化反应是在酸性催化剂作用下的正碳离子反应。工业上常用催化剂一般为磺酸型二乙烯苯交联的聚苯乙烯结构的大孔强酸性阳离子交换树脂。在使用这种催化剂时，原料必须净化以除去金属离子和碱性物质，否则金属离子会置换催化剂中的质子，碱性物质（胺质）也会中和催化剂上的磺酸根，从而使催化剂失活。此类催化剂不耐高温，耐用温度通常低于120℃，正常情况下，催化剂寿命可达2年或2年以上。

催化剂失活的原因：①具有催化活性的磺酸基因（—$SO_3H$）型态变成非氢型；②反应过程中副产的胶质物、低聚物等在催化剂内沉淀；③催化剂的磺酸基团脱落。

#### 5.1.3.2 MTBE工艺流程

如图5-2所示，自气分装置来的$C_3$、$C_4$组分，进入缓冲罐（V202），经P202A/B加压与P201A/B来的甲醇以醇烃比为1:（7~8）的比例混合，经过充分混合后进入吸附器F201，脱除原料中少量碱性物质后，混合组分经预热器（E201）加热至40℃左右进入反应器（F202A、B）反应温度控制在40~80℃，反应后的产物直接进入MTBE精馏塔T201共沸蒸

馏，塔底温度控制在 136℃，顶温为 60℃，顶压为 0.7MPa。顶部产品 $C_3$、$C_4$ 经塔顶冷凝器 (L201) 冷却后进入塔顶回流罐 (V203)，在 MTBE 精馏塔顶回流泵 (P204A/B) 的加压下，部分作为回流打回塔内，另一部分经 L203 冷却后送至液化气成品罐区。底部产品醚化油 (主要成分 MTBE 含少量甲醇) 经 L202 冷却后由 P203 A/B 送至产品罐区。

# 5.2 环氧丙烷装置工艺流程

## 5.2.1 装置工艺原理

环氧丙烷 (PO) 是一种重要的有机化工产品，也是丙烯系列产品中仅次于聚丙烯和丙烯腈的第三大衍生物，同时也是一种重要的基本有机化工原料。环氧丙烷具有广泛的用途，主要用于生产聚醚多元醇 (PPG)、丙二醇 (PG)、丙二醇醚、异丙醇胺、轻丙基甲基纤维素醚、轻丙基纤维素醚等，也是非离子表面活性剂、油田破乳剂、农药乳化剂、溶剂、增塑剂、润滑剂、阻燃剂等的主要原料，广泛应用于化工、轻工、医药、食品和纺织等行业。目前生产环氧丙烷的主要工业生产工艺有氯醇法、共氧化法和直接氧化法。本装置采用氯醇法生产，主要产品为环氧丙烷，副产品为二氯丙烷。

### 5.2.1.1 主要原料性质

（1）丙烯

分子式为 $C_3H_6$，结构式 $CH_3$—$CH$＝$CH_2$，相对分子质量为 42，常温常压下为无色气体，带有甜味。气体的密度为 1.87kg/m³，液体的密度为 513.9kg/m³。熔点为 -185.2℃，沸点为 -47.7℃。化学性质很活泼，与空气混合形成爆炸性混合物，爆炸极限 2.0%~11.0%（体积）。主要用于制环氧丙烷、聚丙烯、丙烯腈等。一般由热裂化和催化裂化气体中分出，也是轻油裂解制乙烯时的副产品。

（2）氯气

分子式为 $Cl_2$，相对分子质量为 70.91。常温常压下是一种黄绿色、具有刺激性气味的气体，能溶于水。沸点为 -34.6℃，密度为 3.17kg/m³。氯气的毒性很大，能刺激黏膜、呼吸道和眼睛，还可引起肺水肿，使用时要特别注意。氯气的化学性质非常活泼，能氧化几乎所有的金属、氢以及许多处于低价态的元素化合物，还能与水、碱等发生反应。氯气和氢气混合时能发生爆炸，爆炸极限为 4.0%~96.0%（氢气体积分数）。氯气由氯碱车间供给，用电解饱和食盐水的方法制得。本工段通过氯气跟水及丙烯反应得到氯丙醇。

（3）石灰

主要成分是氧化钙，分子式为 CaO，纯的为白色，含有杂质时为淡灰色或淡黄色，一般呈块状，有时呈粉状。露置在空气中渐渐吸收 $CO_2$ 而生成 $CaCO_3$。氧化钙的密度为 3350kg/m³，熔点为 2580℃。易溶于酸，难溶于水，但能与水化合生成氢氧化钙，可用石灰石置于石灰窑中煅烧而制得。

（4）氯丙醇（中间原料）

分子式为 $C_3H_7OCl$，有两种同分异构，$\alpha$-氯丙醇，沸点为 126~127℃，密度为 1103kg/m³，$\beta$-氯丙醇，沸点为 132~134℃，密度为 1111kg/m³，无色液体，有微弱气味，相对分子质量为 94.5，溶于水、乙醇和乙醚；性质活泼，由丙烯、氯气、水反应生成，与石灰乳进一步反应生成环氧丙烷。

（5）环氧丙烷（成品）

分子式为 $C_3H_6O$，相对分子质量为 58，无色液体，有醚的气味，密度为 $859kg/m^3$，沸点为 33.9℃，闪点为-37℃，在空气中的爆炸极限为 2.1%~37%（体积）。与水作用生成丙二醇。主要用于制备丙二醇和聚醚，也可用作制甘油、各种油田助剂等。

（6）二氯丙烷（成品）

分子式 $C_3H_6Cl_2$，又称氯化丙烯，无色液体，有氯仿的气味。密度为 $1156kg/m^3$，沸点为 96.8℃，闪点为 21℃，着火点为 38℃。难溶于水，易溶于乙醚。与大多数有机溶剂混溶。脱除氯化氢后则得氯丙烯。可作防霉剂或杀菌剂，也是油脂和石蜡等的溶剂。由丙烯与氯气在二氯丙烷液相中低温加成和分馏而制得；也是丙烯高温氯化制氯丙烯的副产品。

（7）丙醛（副产品）

分子式为 $C_3H_6O$，相对分子质量为 58，无色易燃液体，有刺激性，密度为 $807kg/m^3$，熔点为-81℃,沸点为 47~49℃，溶于水，与乙醇和乙醚混溶。在紫外光、碘或热的影响下，分解成二氧化碳和乙烷等。能聚合，用空气、次氯酸盐和重铬酸盐氧化时生成丙酸，用氢还原时生成正丙醇，与过量甲醛作用生成甲基丙烯醛。用于制合成树脂、橡胶促进剂和防老剂等，也可用于作抗冻剂、润滑剂和脱水剂。

（8）丙二醇（副产品）

有两种异构体，较重要的是 1,2-丙二醇：无色粘稠液体。有吸湿性，微有辣味。密度为 $1038kg/m^3$，沸点为 188.2℃。与酸反应能生成酯，与烷基硫酸酯或氯代烃反应能生成醚，是油脂、石腊、树脂、染料和香料等的溶剂，也可用作抗冻剂、脱水剂等。由环氧丙烷水解而成。

### 5.2.1.2 氯醇法生产 PO 的基本原理

丙烯通过氯醇化过程用卤素氧化制环氧丙烷，其基本反应式如下：

（1）氯醇化反应方程式

$$Cl_2+H_2O \Longrightarrow HCl+HClO$$

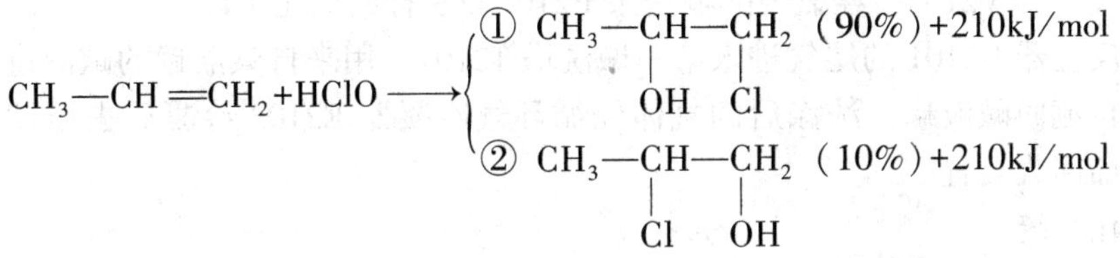

氯醇化副反应方程式：

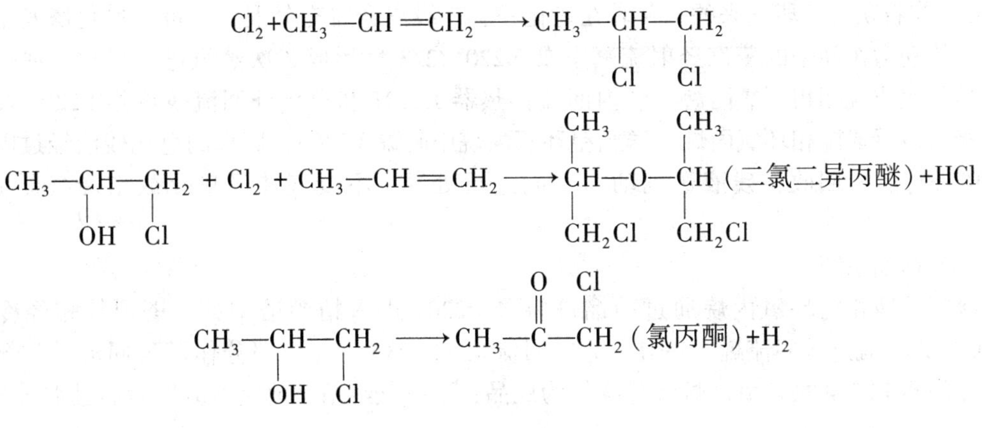

（2）皂化反应方程式

$$2HCl + Ca(OH)_2 \Longrightarrow CaCl_2 + 2H_2O$$

$$2CH_3\!-\!\underset{\underset{OH}{|}}{CH}\!-\!\underset{\underset{Cl}{|}}{CH_2} + Ca(OH)_2 \longrightarrow 2CH_2\!-\!CH\!-\!CH_2 + CaCl_2 + 2H_2O + 33kJ/mol$$

$$2CH_3\!-\!\underset{\underset{Cl}{|}}{CH}\!-\!\underset{\underset{OH}{|}}{CH_2} + Ca(OH)_2 \longrightarrow 2CH_2\!-\!CH\!-\!CH_2 + CaCl_2 + 2H_2O + 33kJ/mol$$

皂化副反应方程式：

$$2CH_3\!-\!\underset{\underset{OH}{|}}{CH}\!-\!\underset{\underset{Cl}{|}}{CH_2} + Ca(OH)_2 \longrightarrow 2CH_3CH_2CHO + CaCl_2 + 2H_2O$$

$$CH_3\!-\!CH\!-\!CH_2 + H_2O \longrightarrow CH_3\!-\!\underset{\underset{OH}{|}}{CH}\!-\!\underset{\underset{OH}{|}}{CH_2}$$

$$2CH_3\!-\!\underset{\underset{OH}{|}}{CH}\!-\!\underset{\underset{Cl}{|}}{CH_2} + O_2 \longrightarrow 2CH_3\!-\!\underset{\underset{Cl}{\overset{\overset{O}{\|}}{}}}{C}\!-\!CH_2(氯丙酮) + 2H_2O$$

### 5.2.2 环氧丙烷工艺流程

环氧丙烷工艺流程简图如图 5-3~图 5-5 所示。

（1）氯醇化系统

从丙烯车间来的液相丙烯先后进入丙烯一级汽化器 E2101 和二级汽化器 E2102 汽化，然后进入丙烯缓冲罐 V2101（同时压缩后循环丙烯也进入该罐），再进入氯醇反应器 R2101。从液氯工段来气态氯首先进入氯气缓冲罐 V2102，再进入氯醇反应器 R2101。从动力车间来的工艺水和从液氯工段来的气态氯在氯醇反应器 R2101 中的溶氯部分发生溶氯反应，生成次氯酸和盐酸，生成的次氯酸和丙烯发生加成反应生成氯丙醇，然后从 R2101 的溢流口溢流到氯丙醇缓冲罐 V2103，经氯丙醇输送泵 P2101A/B 打到皂化工段。

氯丙醇反应器 R2101 的尾气进入第一碱洗塔 T2101，用来自碱液罐的碱液进行洗涤，洗涤后的碱液自流回碱液罐，洗涤后的气体经循环气冷凝器 E2103 冷凝后去压缩机，分离出的气体去丙烯回收装置。

（2）皂化系统

氯丙醇缓冲罐 V2103 中的氯丙醇溶液用泵 P2101A/B 打到皂化一、二级混合器 V2201、V2202，与石灰乳工段送来的石灰乳在皂化一、二级混合器充分混合，进入皂化塔发生缩合反应。从动力车间来的蒸汽经射流真空泵 X2201/2/3 后形成二次蒸汽进入皂化塔底部。皂化塔顶部生成气相粗环氧丙烷，经内回流换热器 E2201 和皂化外回流换热器 E2202 及皂化全冷凝器冷凝成液相环氧丙烷，送至粗环氧丙烷中间罐 V2203；底部的皂化残液经过闪蒸罐 V2204 进行热量回收，残液送到动力车间进行处理。不凝气体经皂化放空冷凝器 E2204 放空。

（3）精馏系统

冷凝的液相粗环氧丙烷通过精馏进料泵 P2201 进入精馏塔中部，塔顶气相经冷凝器 E2302A/B 冷凝进入回流罐 V2301，通过回流泵 P2303A/B，一部分作塔顶回流，一部分经成品冷却器 E2304 去环氧丙烷计量罐作为成品；不凝气经精馏放空冷凝器后通过水封 V2305

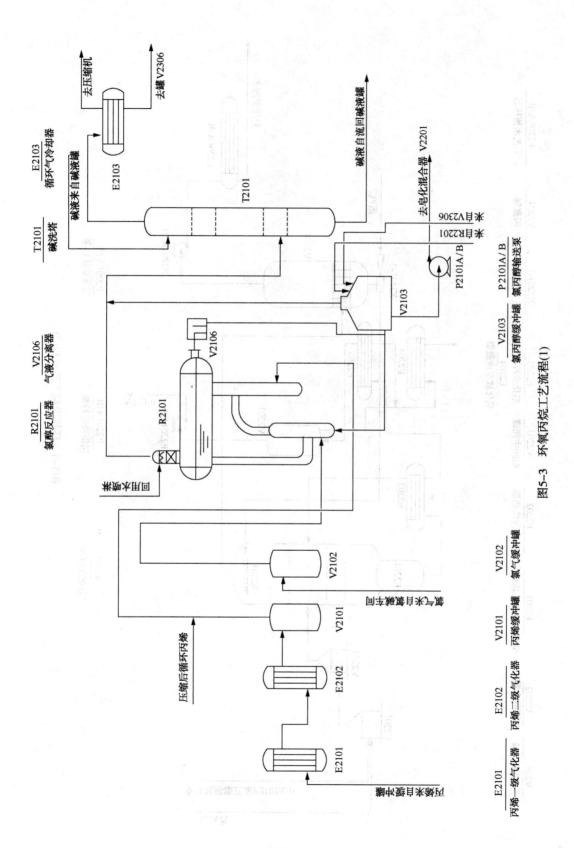

图5-3 环氧丙烷工艺流程(1)

| E2101 | E2102 | V2101 | V2102 | V2103 | P2101A/B |
|---|---|---|---|---|---|
| 丙烯一级气化器 | 丙烯二级气化器 | 丙烯缓冲罐 | 氯气缓冲罐 | 氯丙醇缓冲罐 | 氯丙醇输送泵 |

| R2101 | V2106 | T2101 | E2103 | V2201 | P2101A/B |
|---|---|---|---|---|---|
| 氯醇反应器 | 气液分离器 | 碱洗塔 | 循环气冷却器 | 皂化混合器 | 氯丙醇输送泵 |

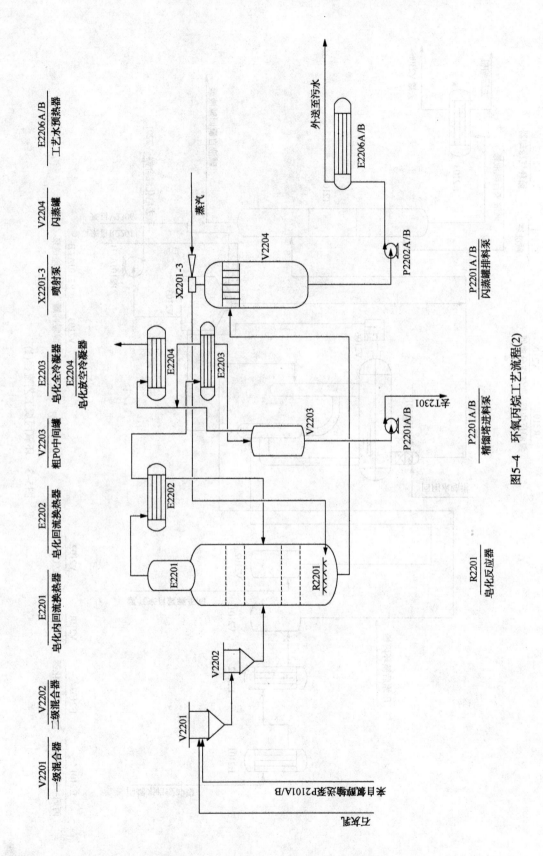

图5-4 环氧丙烷工艺流程(2)

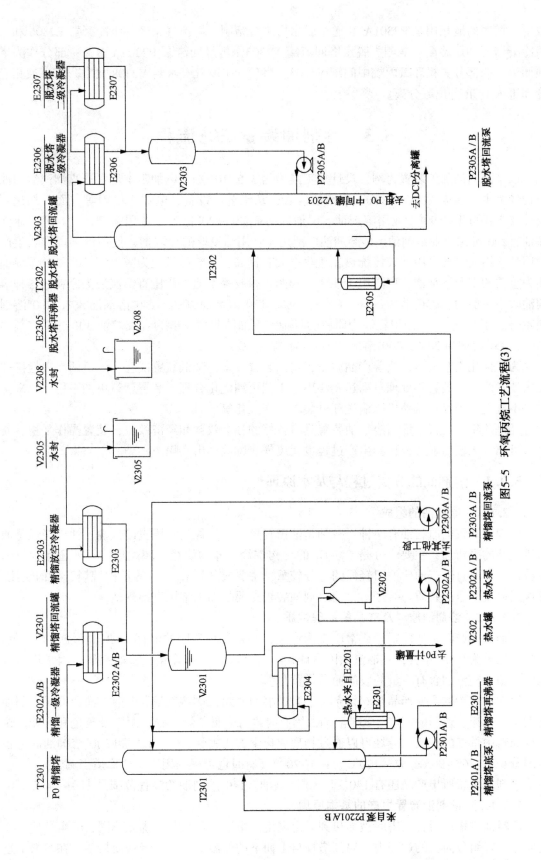

图5-5 环氧丙烷工艺流程(3)

放空。塔底的液相用泵 P2301A/B 送至脱水塔进行精制，塔顶气相经一级冷凝器 E2306 和二级冷凝器 E2307 冷凝，液相去脱水塔回流罐 V2303，再经回流泵 P2305A/B，一部分作为塔顶回流，一部分去粗环氧丙烷中间罐 V2203。塔顶的不凝气经水封 V2308 放空。塔底液相经冷却进入 DCP 分离罐分离。

# 5.3　溶剂油装置工艺流程

以某溶剂油加工装置为例，设计加工能力为 $3.5×10^4 t/a$，以加工本厂常压直馏汽油和油田轻烃为主。建成后的 $3.5×10^4 t$ 溶剂油装置，从工艺、设备、电器、仪表等方面，都达到设计要求，可生产 90# 工业用溶剂油，6# 抽提溶剂油，120# 橡胶工业用溶剂油，140# 工业洗涤油，200# 油漆工业溶剂油。6# 溶剂油广泛用作食用油浸取的浸取剂，使用溶剂浸取法生产食用油，不仅可使食用油较传统热轧法收率大有提高，且杂质量大为减少。120# 和 200# 溶剂油为重要的工业溶剂油，广泛用于油漆、农药、橡胶等工业。常压直馏汽油为原料的各种溶剂油收率一般为：戊烷油 8%，6# 溶剂油 15%，120# 溶剂油 20%，140# 溶剂油 8%，200# 溶剂油 46%，不凝气 3%。油田轻烃为原料的各种溶剂油的收率一般为：戊烷油 30%，6# 溶剂油 35%，120# 溶剂油 20%，200# 溶剂油 8%，不凝气 7%。

为了优化工艺流程，改善产品质量，提高装置收率，降低装置能耗，经过两次大检修和几次技术改造，装置年处理量高达 $8×10^4 t$，工艺更加优化合理，装置运行更加平稳。原来排放的不凝气，现经过压缩机压缩送气分装置生产液化气。

经过几年的运行，证明溶剂油装置具有较好的社会效益和经济效益，装置操作平稳、安全、可靠，无任何加工废料，生产过程也无废气、废液排出及噪声污染。

## 5.3.1　溶剂油的分离过程与基本原理

### 5.3.1.1　原料油的组成

溶剂油装置的原料油有两种：一种是油田轻烃，另一种是常压直馏汽油。油田轻烃是油田压气站的凝析油，主要成分是 $C_4 \sim C_{11}$ 的正构烷烃、异构烷烃、环烷烃，另外还有少量的芳香烃。常压直馏汽油比油田轻烃的组分较重，主要成分是 $C_6 \sim C_{12}$ 的正构烷烃、异构烷烃、环烷烃以及少量的胶质与芳烃。目前溶剂油装置主要是加工常压直馏汽油。

### 5.3.1.2　溶剂油原料及产品的物理性质

溶剂油的原料是油田轻烃或常压直馏汽油，都是无色透明的液体，油田轻烃基本无色、无味，比重为 0.68 左右；直馏汽油因含硫化物等杂质而略带异味，直馏汽油是因常压装置操作不稳，使汽油含有少量的胶质而微带黄色。

溶剂油装置的主要产品是 6# 溶剂油、120# 溶剂油和 200# 溶剂油，6# 溶剂油和 120# 溶剂油是无色、无味、透明的液体，200# 溶剂油因有时含有少量芳烃和胶质而微带黄色和气味。这些从原料中带来的胶质、芳烃可以通过物理或化学方法去除。6#、120# 和 200# 溶剂油的馏程范围分别是：60~90℃、80~120℃、140~200℃（有时也可根据用户需要作适当调整）。

溶剂油装置所出产品还有 140# 和 180# 溶剂油。140# 溶剂油的馏程范围是 120~140℃。

### 5.3.1.3　溶剂油装置生产的基本原理

原料油进塔以后，在塔底被加热到一定温度。由于轻重组分的沸点不同，轻组分便会汽化向上。轻组分向上的过程中，遇到塔顶自上而下的低温回流，二者逆向接触，在填料上进行传质传热。汽相中携带的部分重组分因被冷却降温而变为液相，流向塔底；来自塔顶的冷回流与自下而上的气相接触温度升高，其中的轻组分便会汽化升向塔顶，在塔内经过多次的汽化与冷凝过程，从而实现轻重组分的分离，达到精馏的目的。精馏过程是一个在填料层上进行的多次汽化与多次冷凝的物理分离过程。

3.5×10⁴t 溶剂油装置 4 个精馏塔内，填装丝网规整填料，为塔内的汽相、液相充分接触提供了良好场所。在精馏塔内自下而上温度逐渐降低，形成一个温度梯度，这样在塔内自下而上也形成一个组分由重逐渐变轻的梯度。精馏塔越高，轻重组分的分离效果越好，这样直馏汽油或油田凝析油便通过精馏塔被分离成各种型号的溶剂油。

### 5.3.2 溶剂油生产工艺流程

溶剂油工艺流程图如图 5-6 所示。常压装置来的原料油或外购原料油经沉降、切水和脱臭后进入原料油罐。

#### 5.3.2.1 塔 T111 生产工艺流程

原料油由原料油泵 P110A/B，自原料罐抽出，经换热器 H113/1 与冷凝水换热，再经换热器 H113/2 与精馏塔 T141 底外送油（200#溶剂油）换热后（换后温度一般在 90℃左右）进入精馏塔 T111 进料段。在进料段，原料油中的轻组分充分汽化进入精馏段，在精馏段与来自塔顶的冷回流在填料层上充分进行传质、传热，使汽相中的重组分充分冷凝进入塔底，使液相中的轻组分充分汽化进入塔顶，经过多次的汽化、冷凝过程，从塔顶流出较纯的轻组分产品——戊烷油。原料油进入塔 T111 进料段，重组分下行进入提馏段，在提馏段与来自塔底的气相回流在填料层上充分接触进行传质、传热，液相中的轻组分充分汽化，进入精馏段从塔顶流出，汽相中的重组分充分冷凝落入塔底。使液相中的重组分得到提浓，进入塔底经过重沸器加温使塔底油中的轻组分再次汽化返回塔内，在塔底得到较纯的重组分，从而达到精馏的目的。

在塔 T111 精馏过程中，塔顶馏出油品（戊烷油，<60℃馏分）经过冷凝器 L111 和 L112 冷却后，进入回流罐 V111（操作过程中回流罐注意切水）。回流罐 V111 中的油品，由回流泵 P111 A/B 抽出，一部分返回塔 T111 顶作为塔顶回流，另一部分送半成品罐，回流罐 V111 中的不凝气，由压力控制阀调节保持 0.175MPa 后，进入不凝气油罐，经不凝气外送流量表到压缩机压缩后送气分装置生产液化气。塔 T111 为压力塔，是在 0.175MPa 的压力下进行的，目的是为了回收塔顶戊烷油，防止轻组分跑损。

塔 T111 底重沸器 H111 需用蒸汽加热，蒸汽由主蒸汽管线引入，通过主蒸汽调节阀进入装置，经塔 T111 蒸汽加温调节阀进重沸器 H111 与塔底油换热后变为冷凝水，由重沸器底部的疏水器排出与原料油换热器 H113/1 换热后送气分或锅炉装置。蒸汽走重沸器的壳程，油走重沸器的管程，塔底油经塔底重沸器加热，轻组分汽化后返回塔内，为塔底提供气相回流。

塔 T111 底油进塔底泵 P112A/B 或在塔压力下，经塔底液位调节阀和流量计后，进精馏塔 T121。

#### 5.3.2.2 塔 T121 生产工艺流程

塔 T111 底油进精馏塔 T-121，从塔顶流出较纯的轻组分产品——6#溶剂油。塔 T121 顶馏分（6#溶剂油，60~90℃馏分），从塔顶流出，经冷凝器 L121 和 L122 冷却后，进入回流罐 V121（操作过程中回流罐注意切水），V121 内油品进入回流泵 P121A/B 抽出，一部分打回塔

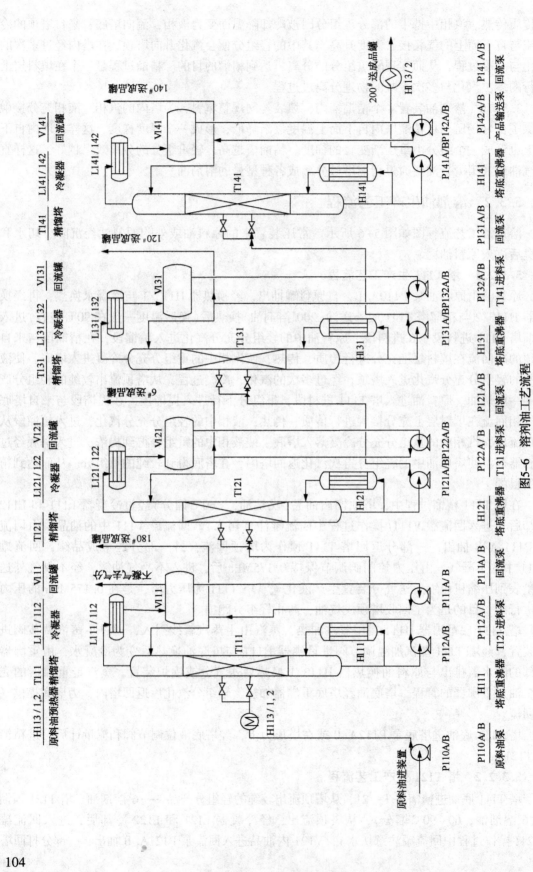

图5-6 溶剂油工艺流程

T121 顶作为塔顶回流，剩余的合格 6# 油送成品罐，不合格的送不合格油罐回炼。

塔 T121 底油经塔底泵 P122A/B 抽出给 T131 进料，通过泵配套电机的变频调节泵的转速来调节塔 2 底液位。塔 T121 为常压塔，操作是在常压下进行的。

### 5.3.2.3　塔 T131 生产工艺流程

塔 T121 底油进精馏塔 T131 进料段，从塔顶流出较纯的轻组分产品——120# 溶剂油。塔 T131 顶的馏分（120# 溶剂油，80～120℃馏分），从塔顶流出，经冷凝器 L131 和 L132 冷凝后，进入回流罐 V131（操作过程中回流罐注意切水）。回流泵 P131A/B 从回流罐 V131 抽出，一部分打回塔 T131 顶作为塔顶回流，剩余的油化验合格后送成品罐，不合格的送不合格油罐回炼。

塔 T131 底油经塔底泵 P132A/B 抽出给 T141 进料，塔 T131 为常压塔。

### 5.3.2.4　塔 T141 生产工艺流程

塔 T131 底油经塔底泵 P132A/B 抽出给 T141 进料，从塔顶流出较纯的轻组分产品——140# 溶剂油。塔 T141 顶的馏分（140# 溶剂油，120～140℃馏分），从塔顶流出，经冷凝器 L141 冷凝后，进入回流罐 V141（操作过程中回流罐注意切水）。回流泵 P141A/B 从回流罐 V141 抽出，一部分打回塔 T141 顶作为塔顶回流，剩余的 140# 溶剂油送成品罐。

塔 T141 底油（200# 溶剂油，140～200℃馏分）经塔底泵 P142A/B 抽出，经过换热器 H113/2 和原料油进行换热后外送，化验合格后的 200# 溶剂油一路通过 200# 溶剂油冷却器 L311 送入成品罐，一路通过脱臭原料油换热器送入成品罐。不合格的送不合格油罐或原料油罐回炼。

各塔底油的紧急放空线汇总于一条主线，去不合格油罐，罐中的油由不合格油泵抽出送原料油罐回炼。塔 T141 为常压塔。

# 参 考 文 献

[1] 陶贤平，张爱娟，李继友. 化工实习及毕业论文（设计）指导[M]. 北京：化学工业出版社，2010.

[2] 郭泉. 认识化工生产工艺流程——化工生产实习指导[M]. 北京：化学工业出版社，2014.

[3] 汤建伟，江振西，贾建功. 化工和制药工程认识实习教程[M]. 郑州：郑州大学出版社，2007.

[4] 杜克生，张庆海，黄涛. 化工生产综合实习[M]. 北京：化学工业出版社，2007.

[5] 刘小珍. 化工实习[M]. 北京：化学工业出版社，2008.

[6] 王虹，高劲松，程丽华. 化学工程与工艺专业实习指南[M]. 北京：中国石化出版社，2009.

[7] 陈海群，陈群，王凯全. 化工生产安全技术[M]. 北京：中国石化出版社，2012.

[8] 崔政斌，马卫卿. 图解化工安全生产禁令[M]. 北京：化学工业出版社，2011.

[9] 王晓宇. 学生实习安全培训教材[M]. 北京：中国石化出版社，2016.

[10] 姚玉英，黄凤廉，陈常贵，等. 化工原理[M]. 第二版. 天津：天津科学技术出版社，2012.

[11] 王晓红，田文德. 化工原理[M]. 北京：化学工业出版社，2011.

[12] 李阳初，刘雪暖. 石油化学工程原理[M]. 北京：中国石化出版社，2008.

[13] 蒋维钧，雷良恒，刘茂林，等. 化工原理[M]. 第三版. 北京：清华大学出版社，2010.

[14] Ozren Ocic，上海市石油学会，译. 21世纪炼油厂[M]. 北京：中国石化出版社，2006.

[15] 孙昱东. 石油及石油产品基础知识[M]. 北京：石油工业出版社，2013.

[16] 徐春明，杨朝合. 石油炼制工程[M]. 第4版. 北京：石油工业出版社，2009.

[17] 程丽华. 石油炼制工艺学[M]. 北京：中国石化出版社，2012.

[18] 宋天民，宋尔明. 炼油工艺与设备[M]. 北京：中国石化出版社，2014.